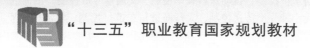

"十三五"职业教育国家规划教材

PLC 应用技术

第 2 版

主　编　周建清　　王金娟
副主编　陈雪艳
参　编　缪秋芳　　刘绍平
主　审　杨少光

机械工业出版社

本书为"十三五"职业教育国家规划教材，主要内容包括初识 PLC 控制系统、三相异步电动机单向运转控制、三相异步电动机可逆运转控制、水塔水位控制、自动送料装车控制、交通信号灯控制、液体混合装置控制、大小球分类传送控制、人行横道与车道灯控制、电动机的丫 – △减压起动控制、送料车控制和天塔之光控制十二个实践项目，附录内容有 FX$_{3U}$ 系列 PLC 的性能规格、FX$_{3U}$ 系列 PLC 的一般软元件、FX$_{3U}$ 系列 PLC 的特殊软元件、FX 系列 PLC 的指令列表。

本书从职业院校学生实际需求出发，以任务为引领，以实践为主线，采用项目化教学方式，对 PLC 的知识与技能进行重新构建，突出够用实用、做学合一的教学理念。本书内容新颖、形式活泼、图文并茂、通俗易懂，适合作为职业院校机电、数控及电气等相关专业的教材，也可作为相关机构的培训用书。

为便于教学，本书配套视频资源以二维码形式穿插于各项目中，配套电子课件、拓展训练任务单等教学资源可来电（010 – 88379195）索取，或登录 www.cmpedu.com 网站注册，并免费下载。

图书在版编目（CIP）数据

PLC 应用技术/周建清，王金娟主编. —2 版. —北京：机械工业出版社，2018.8（2022.6 重印）

"十三五"职业教育国家规划教材

ISBN 978-7-111-60533-1

Ⅰ.①P… Ⅱ.①周…②王… Ⅲ.①PLC 技术 – 职业教育 – 教材 Ⅳ.①TM571.61

中国版本图书馆 CIP 数据核字（2018）第 163043 号

机械工业出版社（北京市百万庄大街 22 号 邮政编码 100037）
策划编辑：赵红梅 责任编辑：赵红梅 柳 瑛
责任校对：肖 琳 封面设计：张 静
责任印制：邹 敏
北京富资园科技发展有限公司印刷
2022 年 6 月第 2 版第 6 次印刷
184mm×260mm·16 印张·388 千字
标准书号：ISBN 978-7-111-60533-1
定价：49.00 元

电话服务

网络服务

客服电话：010-88361066

机 工 官 网：www.cmpbook.com

010-88379833

机 工 官 博：weibo.com/cmp1952

010-68326294

金 书 网：www.golden-book.com

封底无防伪标均为盗版

机工教育服务网：www.cmpedu.com

关于"十三五"职业教育国家规划教材的出版说明

2019年10月，教育部职业教育与成人教育司颁布了《关于组织开展"十三五"职业教育国家规划教材建设工作的通知》（教职成司函〔2019〕94号），正式启动"十三五"职业教育国家规划教材遴选、建设工作。我社按照通知要求，积极认真组织相关申报工作，对照申报原则和条件，组织专门力量对教材的思想性、科学性、适宜性进行全面审核把关，遴选了一批突出职业教育特色、反映新技术发展、满足行业需求的教材进行申报。经单位申报、形式审查、专家评审、面向社会公示等严格程序，2020年12月教育部办公厅正式公布了"十三五"职业教育国家规划教材（以下简称"十三五"国规教材）书目，同时要求各教材编写单位、主编和出版单位要注重吸收产业升级和行业发展的新知识、新技术、新工艺、新方法，对入选的"十三五"国规教材内容进行每年动态更新完善，并不断丰富相应数字化教学资源，提供优质服务。

经过严格的遴选程序，机械工业出版社共有227种教材获评为"十三五"国规教材。按照教育部相关要求，机械工业出版社将认真以习近平新时代中国特色社会主义思想为指导，积极贯彻党中央、国务院关于加强和改进新形势下大中小学教材建设的意见，严格落实《国家职业教育改革实施方案》《职业院校教材管理办法》的具体要求，秉承机械工业出版社传播工业技术、工匠技能、工业文化的使命担当，配备业务水平过硬的编审力量，加强与编写团队的沟通，持续加强"十三五"国规教材的建设工作，扎实推进习近平新时代中国特色社会主义思想进课程教材，全面落实立德树人根本任务；突显职业教育类型特征；遵循技术技能人才成长规律和学生身心发展规律；落实根据行业发展和教学需求，及时对教材内容进行更新；同时充分发挥信息技术的作用，不断丰富完善数字化教学资源，不断提升教材质量，确保优质教材进课堂；通过线上线下多种方式组织教师培训，为广大专业教师提供教材及教学资源的使用方法培训及交流平台。

教材建设需要各方面的共同努力，也欢迎相关使用院校的师生反馈教材使用意见和建议，我们将认真组织力量进行研究，在后续重印及再版时吸收改进，联系电话：010－88379375，联系邮箱：cmpgaozhi@sina.com。

机械工业出版社

前　言

可编程序逻辑控制器（PLC）是一种以微型计算机为基础发展起来的新型自动控制装置，它将传统的继电器－接触器控制技术、计算机技术和通信技术融为一体，具有性价比高、可靠性高、编程简单、使用方便等优点。近年来它发展很快，功能也越来越完善，已成为现代工业自动化的三大支柱之一。

随着 PLC 的应用日益广泛，其控制技术已成为现代技术工人必须掌握的一门技术。目前各职业院校也相继开设了 PLC 这门课程，但选用的教材大多为传统的学科体系式教程，这就与目前职业教育的培养目标和企业对职业院校学生的技能要求有了很大差距。为此编者以三菱 FX 系列 PLC 为例，从学生的实际出发，结合自己多年的教学经验，围绕十二个典型的项目来介绍 PLC 的基本知识与应用技能。

本书具有以下特点：

1）遵循学生的认知规律，打破传统的学科课程体系，坚持以任务为引领，以学生的行为为导向，采用项目化教学方式对 PLC 的知识与技能进行重新构建。突出技能的培养和职业习惯的养成，力求做到学做合一、理实一体。

2）以就业为导向，坚持"够用、实用、会用"的原则，弱化了烦琐抽象的指令语句，加强了系统梯形图及其硬件的学习，重点培养学生的 PLC 应用能力，有利于帮助学生学会方法、养成习惯，更好地满足企业岗位的需要。

3）采取图文并茂的表现形式，尽可能采用图片和表格展示各个知识点与小任务，从而提高可读性和可操作性。

4）配套资源丰富，包括 PPT 课件、拓展训练任务单及视频资源等，其中视频资源以二维码形式穿插于各项目中。

本书由江苏省武进职业教育中心校周建清、王金娟担任主编，陈雪艳担任副主编，缪秋芳和刘绍平参编。全书由全国职业院校技能大赛电工电子竞赛项目首席评委杨少光主审。本书在编写过程中得到多位同行的大力支持与帮助，他们提出了许多宝贵的意见，在此表示衷心的感谢！

由于编者水平有限，书中难免有疏漏之处，恳请读者批评指正。

编　者

二维码索引

目 录

项目一

初识PLC控制系统

▶ 一、学习目标

1）学会识别和使用按钮、行程开关、热继电器、熔断器、接触器等 PLC 外围设备。

2）认识三菱 PLC 的外部端子，了解其功能及连接方法。

3）学会识读 PLC 控制系统线路图，能独立完成 PLC 控制工作台自动往返系统硬件电路的安装与检测；通过运行 PLC 控制工作台自动往返系统，掌握 PLC 控制系统的组成及实现三相异步电动机正反转的方法。

▶ 二、学习任务

1. 项目任务

本项目的任务是安装工作台自动往返 PLC 控制系统的硬件电路。系统控制要求如下：

（1）起停控制　按下左移按钮 SB1，工作台左移；按下右移按钮 SB2，工作台右移；按下停止按钮 SB3，系统停止工作。

（2）往返控制　如图 1-1 所示，工作台在位置 A 和位置 B 之间做自动往返运动。当工作台左移到位置 A 时，行程开关 SQ1 动作，工作台改为右移；当工作台右移至位置 B 时，行程开关 SQ2 动作，工作台改为左移。

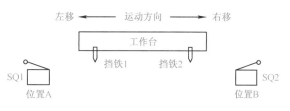

图 1-1　工作台自动往返工作示意图

（3）保护措施　系统具有必要的短路保护和过载保护。

2. 任务流程图

本项目的任务流程如图 1-2 所示。

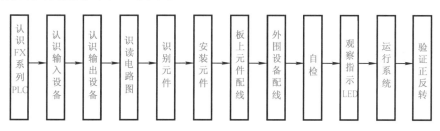

图 1-2　任务流程图

三、环境设备

学习所需工具、设备见表1-1。

表1-1 工具、设备清单

序号	分类	名称	型号规格	数量	单位	备注
1	工具	常用电工工具		1	套	
2		万用表	MF47	1	只	
3	设备	PLC	$FX_{3U}-48MR$	1	台	
4		小型三极断路器	DZ47-63	1	个	
5		控制变压器	BK100，380V/220V	1	个	
6		三相电源插头	16A	1	个	
7		熔断器底座	RT18-32	6	个	
8		熔管	2A	3	只	
9			6A	3	只	
10		热继电器	NR4-63	1	个	
11		交流接触器	CJX1-12/22，220V	2	个	
12		按钮	LA38/203	1	个	
13		行程开关	YBLX-K1/311	2	个	
14		三相笼型异步电动机	380V，0.75kW，丫联结	1	台	
15		端子板	TB-1512L	2	个	
16		安装铁板	600mm×700mm	1	块	
17		导轨	35mm	0.5	m	
18		走线槽	TC3025	若干	m	
19	消耗材料	铜导线	$BVR-1.5mm^2$	8	m	
20			$BVR-1.5mm^2$	3	m	双色
21			$BVR-1.0\ mm^2$	8	m	
22		紧固件	M4×20mm 螺钉	若干	只	
23			M4 螺母	若干	只	
24			ϕ4mm 垫圈	若干	只	
25		编码管	ϕ1.5mm	若干	m	
26		编码笔	小号	1	支	

四、背景知识

微型计算机的硬件系统主要由主机、输入设备和输出设备组成。与之相同，PLC控制系统除了要有起运算控制作用的"大脑"——PLC外，还需要有向PLC提供输入信号的输入设备和接收、执行PLC输出信号的输出设备。认识这三部分硬件设备并将其正确连接起来是构建PLC控制系统，控制工作台自动往返的第一步。

1. 认识三菱 FX 系列 PLC

可编程序逻辑控制器是一种专门为工业环境下应用而设计的数字运算电子装置，简称 PC 或 PLC，为了区别于微型计算机"PC"，人们习惯称它为 PLC。FX 系列 PLC 是日本三菱公司生产的小型可编程序逻辑控制器，其产品有 FX_{1S}、FX_{1N}、FX_{2N}、FX_{2NC}、FX_{3U}、FX_{3UC} 等系列，它们是 FX_0、FX_1 及 FX_2 系列 PLC 的换代产品。图 1-3 所示的 PLC 为 FX 系列的部分产品，这些产品的基本指令和步进指令相同，外部特征基本相似，本书将选用 FX_{3U} - 48MR 型 PLC 进行演示和讲解。

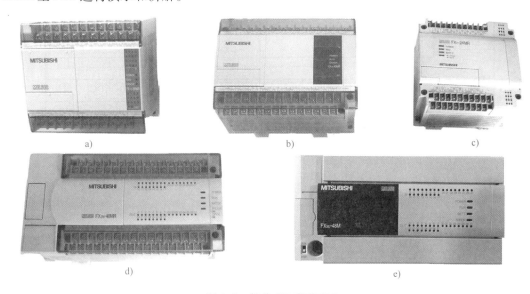

图 1-3　部分 FX 系列 PLC

a) FX_{1S} - 30MR　b) FX_{1N} - 40MR　c) FX_2 - 24MR　d) FX_{2N} - 48MR　e) FX_{3U} - 48MR

如图 1-4 所示，FX_{3U} - 48MR 型 PLC 的面板主要由输入端子、输出端子、指示部分和接口部分等组成。

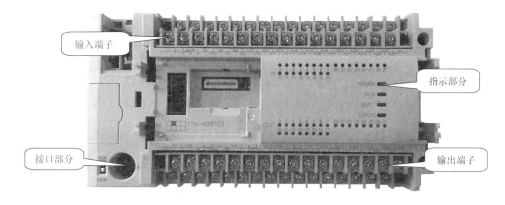

图 1-4　三菱 FX_{3U} - 48MR 型 PLC 的面板

1）输入、输出端子。如图 1-5 所示，PLC 的上侧端子为输入端子，下侧端子为输出端子。各端子的用途见表 1-2。

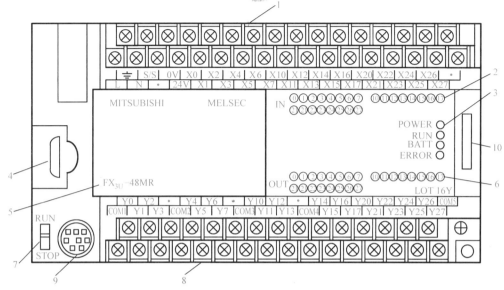

图1-5 三菱 FX$_{3U}$-48MR 型 PLC 的面板示意图

1—电源、输入信号端子 2—输入指示 LED 3—电源、运行及程序出错指示 LED 4—功能扩展连接接口
5—PLC 型号 6—输出指示 LED 7—RUN/STOP 开关 8—直流 24V 电源、输出信号端子
9—编程设备连接接口 10—选件连接用接口

表1-2 外部接线端子及其用途

端子分类	端 子 名 称	用 途
输入端子	电源端子（L、N）、接地端子 ⊥	用于 PLC 引入外部电源
	输入电源端子（S/S、24V）	用于 24V 直流电源输入
	输出电源端子（0V、24V）	用于 24V 直流电源输出
	输入信号端子 X0～X27、电源 0V 端子	用于连接 PLC 与输入设备
输出端子	输出信号端子 Y0～Y27，公共端子 COM1、COM2、COM3、COM4、COM5	用于连接 PLC 与输出设备

注：1. 输出端子 Y0～Y3 使用公共端子 COM1，Y4～Y7 使用公共端子 COM2，Y10～Y13 使用公共端子 COM3，
    Y14～Y17 使用公共端子 COM4，Y20～Y27 使用公共端子 COM5。

2. 同组输出端子不能使用不同电源，使用时一定要查阅 PLC 使用手册，根据负载的大小、电源等级及电源类
   型，合理分配，正确使用。

2）指示部分。如图1-5所示，PLC 的指示部分由输入指示 LED（IN）、输出指示 LED
（OUT）、电源指示 LED（POWER）、运行指示 LED（RUN）、电池电量指示 BATT 和程序出
错指示 LED（ERROR）等组成，各部分动作情况见表1-3。

表1-3 指示 LED 及其动作情况

LED 名称	动作情况
IN LED	外部输入开关闭合时，对应的 LED 点亮
OUT LED	程序驱动输出继电器动作时，对应的 LED 点亮
POWER LED	PLC 处于通电状态时，LED 点亮
RUN LED	PLC 运行时，LED 点亮
ERROR LED	程序错误时，LED 闪烁；CPU 错误时，LED 点亮
BATT LED	电池电量低至需要更换时，LED 点亮

3）接口部分。打开 PLC 的接口盖板和面板盖板，可看到图 1-5 所示的常用外部接口，各接口的作用见表 1-4。

表 1-4　常用外部接口及其用途

接口名称	用途
选件连接接口	用于连接存储卡盒、功能扩展板
扩展设备连接接口	用于连接输入、输出扩展单元
编程设备连接接口	用于连接手持编程器或计算机

4）RUN/STOP 开关。将开关拨至"RUN"位置时，PLC 运行；拨至"STOP"位置时，PLC 停止运行，用户可以进行程序的读写、编辑和修改。

5）型号及其含义。三菱 FX 系列 PLC 的型号及其含义如下：

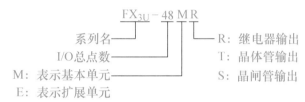

2. 认识输入设备

（1）按钮　按钮是一种最常用的主令电器，在控制电路中用于手动发出控制信号。图 1-6 所示为 LA 系列部分按钮的外形图。

图 1-6　LA 系列部分按钮

1）型号及其含义。LA 系列按钮的型号及其含义如下：

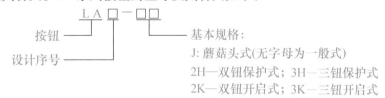

2）结构与符号。如图 1-7 所示，按钮一般由按钮帽、复位弹簧、桥式动触头、静触头、支柱连杆及外壳等组成。当按钮被按下时，按钮的动断触头断开、动合触头闭合；松开后，在弹簧力的作用下其动合触头复位断开、动断触头复位闭合。按钮的文字符号是 SB。

（2）行程开关　行程开关也称为位置开关，是一种根据运动部件的位置而自动接通或断开控制电路的开关电器，主要用于检测工作机械的位置，发出命令以控制其运动方向或行程长短。图 1-8 所示为 LX 系列部分行程开关的外形图。

1）型号及其含义。行程开关的型号及其含义如下：

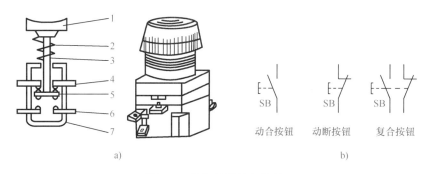

图 1-7　按钮的结构与符号

a）LA38 系列按钮的结构图　b）符号

1—按钮帽　2—复位弹簧　3—支柱连杆　4—动断静触头　5—桥式动触头　6—动合静触头　7—外壳

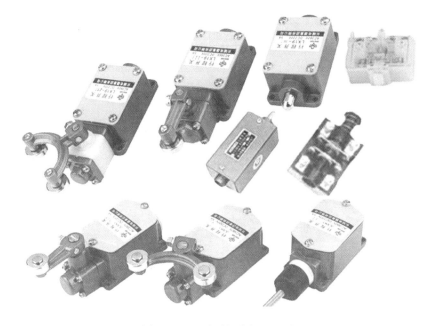

图 1-8　LX 系列部分行程开关

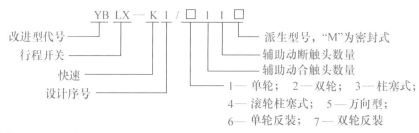

2）结构与符号。如图 1-9 所示，行程开关一般由触头系统、操作机构和外壳等组成。当生产机械运动部件碰压行程开关时，其动断触头断开，动合触头闭合。

（3）热继电器　热过载继电器简称热继电器（后统称热继电器），是一种利用电流热效应而工作的低压电器，主要用于电动机的过载保护和断相保护。图 1-10 是 JRS 系列部分热继电器的外形图。

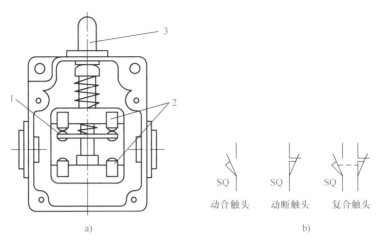

图1-9 行程开关的结构与符号

a）YBLX – K1/311 型行程开关的结构图 b）符号

1—动触头 2—静触头 3—推杆

图1-10 部分 JRS 系列热继电器

1）型号及其含义。JRS 系列热继电器的型号及其含义如下：

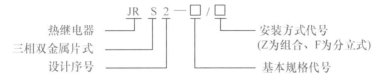

例如，热继电器 JRS2 – 63/F，其中，JRS2 是指国内行业热继电器型号，63 是指框架电流规格，F 为独立式安装，可以用正泰电器 NR4 – 63/F 产品替代。

2）结构与符号。如图1-11 所示，热继电器一般由热元件、动作机构、触头系统、电流整定装置、复位机构和温度补偿元件等组成。当所保护的电动机或电器设备过载时，流过热继电器热元件的电流产生的热量足以使双金属片弯曲到一定程度，从而推动导板使动断触头断开、动合触头闭合。

3. 认识输出设备

交流接触器 交流接触器是一种用于频繁接通或断开交、直流主电路或大容量控制电路等大电流电路的自动切换电器，主要用于控制电动机、电热设备、电焊机等。图1-12所示为 CJX 系列部分交流接触器的外形图。

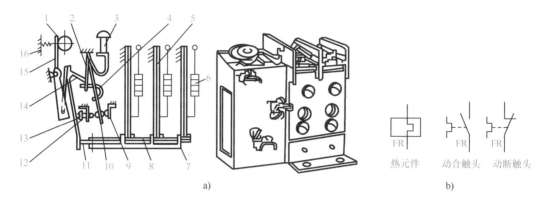

图1-11 热继电器的结构与符号

a）JR36-20型热继电器的结构图 b）符号

1—电流调节凸轮 2—片簧 3—手动复位按钮 4—弓簧 5—主双金属片 6—热元件 7—外导板
8—内导板 9—静触头 10—动触头 11—杠杆 12—复位调节螺钉 13—补偿双金属片
14—推杆 15—连杆 16—压簧

图1-12 CJX系列部分交流接触器

1）型号及其含义。CJX系列交流接触器的型号及其含义如下：

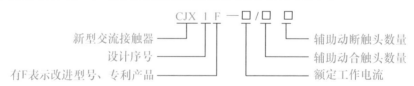

2）结构与符号。如图1-13所示，交流接触器主要由电磁系统、触头系统、灭弧装置及辅助部件等组成。其工作原理为：接触器线圈加上额定电压后，在静铁心中产生磁通，该磁通对其衔铁产生克服复位弹簧拉力的电磁吸力，使衔铁通过传动机构带动其触头动作，即动断触头断开、动合触头闭合；当接触器线圈两端的电压值降到一定数值（欠电压或失电压）时，铁心中的磁通下降或消失，电磁吸力减小到不足以克服复位弹簧的反作用力时，衔铁就在复位弹簧的作用力下释放复位，使动合触头复位分断、动断触头复位闭合。

4. 认识熔断器及断路器

（1）熔断器　熔断器是一种在低压配电网络和电力拖动系统中起短路保护作用的低压电器。图1-14所示为部分熔断器的外形与符号。当电路发生短路故障时，通过熔断器的电

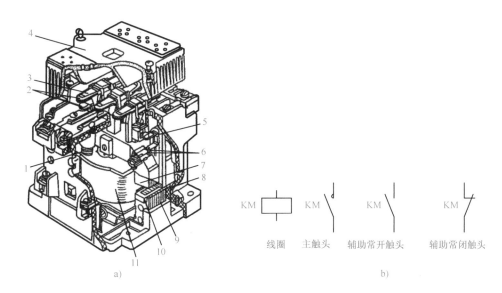

图 1-13 接触器的结构与符号

a）交流接触器的结构图 b）符号

1—反作用弹簧 2—主触头 3—触头压力弹簧 4—灭弧罩 5—辅助动断触头

6—辅助动合触头 7—动铁心（衔铁） 8—缓冲弹簧 9—静铁心 10—短路环 11—线圈

流就会达到或者超过某一个电流规定值，使熔管中的熔体熔断，从而分断电路，起到保护作用。

图 1-14 部分熔断器的外形与符号

a）RT18 系列熔管 b）RT18 系列熔断器底座 c）符号

熔断器的型号及其含义如下：

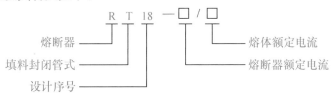

（2）断路器 断路器又称自动空气开关，是一种具有过载、短路及欠电压保护功能的开关电器，主要用于不频繁接通和断开电路以及控制电动机运行等场合。图 1-15 所示为部分断路器的外形与符号。

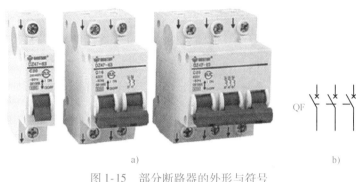

图 1-15　部分断路器的外形与符号

a）DZ47 系列部分断路器　b）符号

断路器的型号及其含义如下：

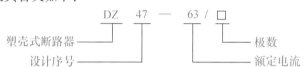

5. 学会识读系统线路图

电气控制线路图常用电路图、接线图和布置图等表示。

（1）电路图　电路图是用图形符号详细表示电路、设备或成套装置的全部基本组成和连接关系，而不考虑其实际位置的一种电气图。图 1-16 所示为工作台自动往返控制系统电

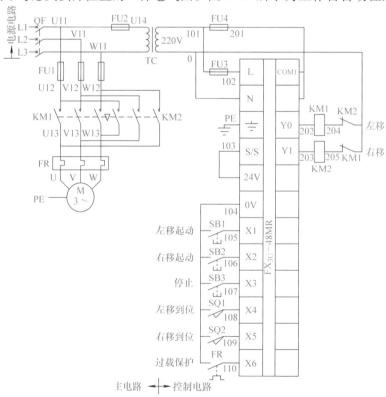

图 1-16　工作台自动往返控制系统电路图

路图，其主电路在电源开关 QF 的出线端按电源相序依次编号为 U11、V11、W11，然后按从上至下、从左到右的顺序递增。控制电路的编号按"等电位"原则从上至下、从左到右依次递增编号，PLC 的输入电路从 101 开始编号，输出电路从 201 开始编号。图中符号"▽"表示联锁关系（也称互锁关系）。

1）输入/输出点分配（简称 I/O 点分配）。工作台自动往返控制系统的输入/输出设备及 I/O 点分配见表 1-5。

表 1-5　输入/输出设备及 I/O 点分配表

输入			输出		
元件代号	功能	输入点	元件代号	功能	输出点
SB1	左移起动	X1	KM1	控制电动机动正转	Y0
SB2	右移起动	X2	KM2	控制电动机动反转	Y1
SB3	停止	X3			
SQ1	左移到位	X4			
SQ2	右移到位	X5			
FR	过载保护	X6			

2）电路组成。工作台自动往返控制系统的硬件电路组成及元件功能见表 1-6。

表 1-6　电路组成及元件功能

序号	电路名称		电路组成	元件功能		备注
1	电源电路		QF	电源开关		水平绘制在电路图的上方
2			FU2	熔断器作变压器短路保护用		
3			TC	降压变压器给 PLC 及 PLC 输出设备提供电源		
4	主电路		FU1	熔断器用作主电路短路保护		垂直于电源线，绘制在电路图的左侧
5			KM1 主触头	控制电动机的正向运转（左移）	电源的三根相线对调了两根	
6			KM2 主触头	控制电动机的反向运转（右移）		
7			FR 发热元件	电动机过载保护		
8			M	电动机		
9	控制电路	PLC 输入电路	FU3	熔断器用作 PLC 电源电路短路保护		垂直于电源线，绘制在电路图的右侧
10			SB1	左移起动按钮		
11			SB2	右移起动按钮		
12			SB3	停止按钮		
13			SQ1	左移到位，右移起动行程开关		
14			SQ2	右移到位，左移起动行程开关		
15			FR	电动机过载保护		
16		PLC 输出电路	FU4	熔断器用作 PLC 输出电路短路保护		
17			KM1 线圈	控制 KM1 的吸合与释放		
18			KM2 线圈	控制 KM2 的吸合与释放		
19			KM1、KM2 动断触头	正反转联锁保护，保证 KM1 和 KM2 只能有一只得电吸合		

（2）接线图　接线图是根据电气设备和电气元件的实际位置和安装情况绘制，用来表示电气设备和电器元件的位置、配线方式和接线方式，而不明显表示电气动作原理的电气图，主要用于安装接线或检修。

1）接线图绘图原则。图 1-17 所示为工作台自动往返控制系统接线图，其绘制原则如下：

① 接线图所示的内容有电气设备和电器元件的相对位置、文字符号、端子号与导线号等。

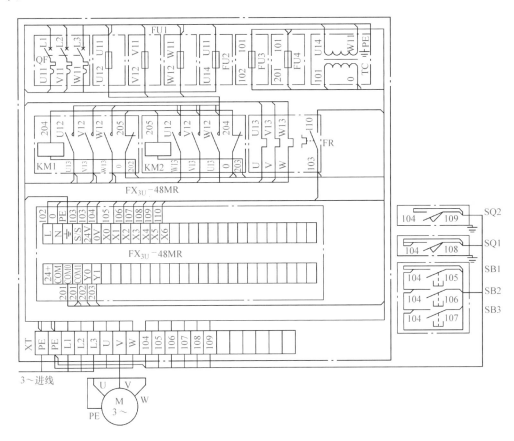

图 1-17　工作台自动往返控制系统接线图

② 接线图中各元件均根据其实际结构绘制，并使用了与电路图相同的图形符号，且同一电器用点画线框上，图中各电器的文字符号以及接线端子的编号都与电路图中标注的一样。

③ 接线图中的导线有单根导线及导线组。对走线相同的导线进行了合并，用线束表示，在到达接线端子 XT 或电器元件时再分别画出。

2）元件布置及布线。工作台自动往返控制系统的元件布置及布线情况见表 1-7。

表 1-7　元件布置及布线情况

序号	项目		具体内容	备注
1	元件布置	板上元件	QF、FU1、FU2、FU3、FU4、TC、KM1、KM2、FR、PLC、XT	均匀分布
2		外围元件	SB1、SB2、SB3、SQ1、SQ2、电动机 M	

（续）

序号	项目		具体内容	备注
3	板上元件的布线	PLC 输入电路走线	0：TC→KM2→KM1 TC→PLC	使用截面积为 1.0mm² 的橡胶塑料绝缘软导线进行安装
4			101：TC→FU4→FU3	
5			102：FU3→PLC	
6			103：S/S→24V	
7			104：PLC→FR→XT	
8			105：PLC→XT	
9			106：PLC→XT	
10			107：PLC→XT	
11			108：PLC→XT	
12			109：PLC→XT	
13			110：PLC→FR	
14		PLC 输出电路走线	201：FU4→PLC（COM1）	
15			202：PLC→KM1	
16			203：PLC→KM2	
17			204：KM1→KM2	
18			205：KM1→KM2	
19		主电路走线	L1、L2、L3：XT→QF	使用截面积为 1.5mm² 的橡胶塑料绝缘软导线进行安装
20			U11：QF→FU1→FU2	
21			V11：QF→FU1	
22			W11：QF→FU1→TC	
23			U12、V12、W12：FU1→KM2→KM1	
24			U13、V13、W13：KM2→KM1→FR	
25			U14：FU2→TC	
26			U、V、W：FR→XT	
27	外围元件的布线	按钮线走线	104：XT→SB3→SB2→SB1→SQ1→SQ2	使用截面积为 1.0mm² 的橡胶塑料绝缘软导线进行安装
28			105：XT→SB1	
29			106：XT→SB2	
30			107：XT→SB3	
31			108：XT→SQ1	
32			109：XT→SQ2	
33		电动机连接线走线	U、V、W：XT→M	与主电路一样
34		接地线走线	PE：XT→PLC XT→TC（板上） 电源→XT→电动机 M（外围）	BVR1.5mm² 双色线

注意：安装板上的元件与外围元件之间的连接必须经过接线端子 XT。图 1-18 所示为 TB – 1512L 型接线端子的外形图。

图 1-18　TB – 1512L 型接线端子

五、操作指导

1. 识别元件

（1）识别 RT18 – 32 型熔断器　按表 1-8 识别 RT18 – 32 型熔断器。

表 1-8　RT18 – 32 型熔断器的识别

序号	识别任务	识别方法	参考值	识别值	要点提示
1	读熔断器的型号 读熔断器的规格	所在位置为熔断器底座的侧面或盖板上	RT18 – 32 AC380 32A		使用时，规格选择必须正确
2	检测熔断器的好坏	选择万用表 R × 1Ω 档，调零后，两表笔分别搭接熔断器的上下接线端子	阻值为 0Ω		若测量阻值为 ∞，说明熔体已熔断或盖板未卡好，造成未接触
3	读熔管的额定电流	打开盖板，取出熔管	16A		

（2）识别 LA38/203 型按钮　识读图 1-19 所示按钮的触头系统后，按表 1-9 识别 LA38/203 型按钮。

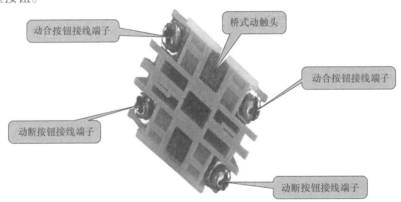

图 1-19　按钮的触头系统

表 1-9　LA38/203 型按钮的识别过程

序号	识别任务	识别方法	参考值	识别值	要点提示
1	看 3 个按钮的颜色	看按钮帽的颜色	绿、黑、红		绿、黑为起动，红为停止
2	逐一观察 3 个动断按钮	找到接线端子和触头	动触头闭合在动断静触头上		

（续）

序号	识别任务	识别方法	参考值	识别值	要点提示
3	逐一观察 3 个动合按钮	找到接线端子和触头	动触头与静触头处于分断状态		
4	检测 3 个动断按钮的好坏	常态时，测量动断按钮的阻值	阻值均约为 0Ω		若测量阻值与参考阻值不同，说明按钮已损坏或接触不良
		按下按钮后，再测其阻值	阻值均为 ∞		
5	检测 3 个动合按钮的好坏	常态时，测量动合按钮的阻值	阻值均为 ∞		
		按下按钮后，再测量其阻值	阻值均约为 0Ω		

（3）识别行程开关　识读图 1-20 所示行程开关的触头系统后，按表 1-10 识别 YBLX－K1/311 型行程开关。

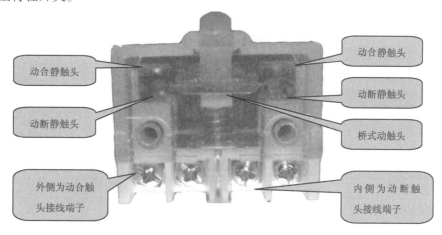

图 1-20　行程开关的触头系统

表 1-10　YBLX－K1/311 行程开关的识别

序号	识别任务	识别方法	参考值	识别值	要点提示
1	读行程开关的型号	所在位置为面板盖上	YBLX－K1/311		使用时，规格选择必须正确
2	读额定电压、额定电流		AC 380V、DC 220V、5A		
3	拆下面板盖，观察动断触头	见图 1-20	桥式动触头闭合在静触头上		
4	观察动合触头		桥式静触头与动触头处于分离状态		
5	检测动断触头的好坏	常态时，测量动断触头的阻值	约为 0Ω		若测量阻值与参考阻值不同，说明触头已损坏或接触不良
		行程开关动作后，再测量其阻值	∞		
6	检测动合触头的好坏	常态时，测量动合触头的阻值	∞		
		行程开关动作后，再测量其阻值	约为 0Ω		

（4）识别 NR4－63 型热继电器　识读图 1-21 所示热继电器的触头系统后，按照表 1-11

识别 NR4 – 63 型热继电器。

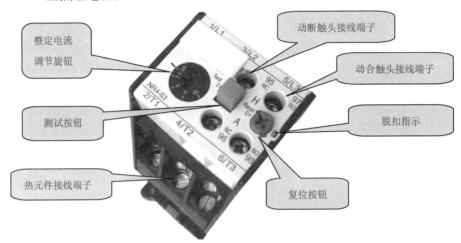

图 1-21 NR4 – 63 型热继电器的触头系统

表 1-11 JRS2 – 63/F 型热继电器的识别

序号	识别任务	识别方法	参考值	识别值	要点提示
1	读热继电器的铭牌	所在位置为热继电器侧面	内容有型号、额定电压、电流等		使用时,规格选择必须正确
2	找到脱扣指示	见图 1-21	绿色		复位时,脱扣指示弹出
3	找到测试按钮		红色（Test）		按下时,FR 动作
4	找到复位按钮		蓝色（Reset）		按下时,FR 复位
5	按下测试按钮		脱扣指示弹出		脱扣指示弹出,表示FR 已过载动作
6	按下复位按钮		脱扣指示顶进		脱扣指示顶进,表示FR 未过载动作
7	找到 3 对热元件的接线端子		1/L1—2/T1 3/L2—4/T2 5/L3—6/T3		编号标在热继电器的顶部面罩上
8	找到动合触头的接线端子		97、98		
9	找到动断触头的接线端子		95、96		
10	找到整定电流调节旋钮		黑色圆形旋钮,标有整定值范围		调节旋钮位于热继电器的顶部
11	检测动断触头的好坏	常态时,测量动断触头的阻值	约为 0Ω		若测量阻值与参考阻值不同,说明触头已损坏或接触不良
		按下测试按钮后,再测量其阻值	为 ∞		
12	检测动合触头的好坏	复位 FR 后,测量动合触头的常态阻值	为 ∞		
		按下测试按钮后,再测量其阻值	约为 0Ω		

（5）识别 CJX1 – 12/22 型交流接触器 识读图 1-22 所示交流接触器的触头系统后，按照表 1-12 识别 CJX1 – 12/22 型交流接触器。

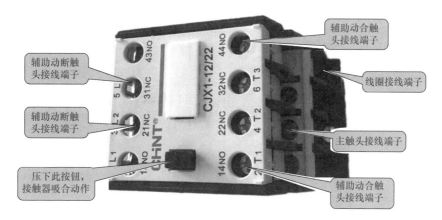

辅助动断触头接线端子
辅助动断触头接线端子
压下此按钮，接触器吸合动作
辅助动合触头接线端子
线圈接线端子
主触头接线端子
辅助动合触头接线端子

图 1-22 CJX1 – 12/22 型交流接触器的触头系统

表 1-12 CJX1 – 12/22 型交流接触器的识别

序号	识别任务	识别方法	参考值	识别值	要点提示
1	读接触器的铭牌	所在位置为接触器的侧面	内容有型号、额定电压、电流等		使用时，规格选择必须正确
2	读接触器线圈的额定电压	看线圈的标签	220V 50Hz		同一型号的接触器却有不同的线圈电压等级
3	找到线圈的接线端子		A1、A2		
4	找到 3 对主触头的接线端子	见图 1-22	1/L1—2/T1 3/L2—4/T2 5/L3—6/T3		编号标于接触器的顶部面罩上
5	找到两对辅助动合触头的接线端子		13、14 43、44		
6	找到两对辅助动断触头的接线端子		21、22 31、32		
7	检测 2 对动断触头的好坏	常态时，测量各动断触头的阻值	均约为 0Ω		若测量阻值与参考阻值不同，说明触头已损坏或接触不良
		压下接触器后，再测量其阻值	均为 ∞		
8	检测 5 对动合触头的好坏	常态时，测量各动合触头阻值	均为 ∞		
		压下接触器后，再测量其阻值	均为 0Ω		
9	检测接触器线圈的好坏	万用表置 R × 100Ω 档调零后，测量线圈的阻值	约为 550Ω		若阻值过大或过小，说明接触器线圈已损坏

注意：1）接线端子标志 L 表示主电路的进线端子，标志 T 表示主电路的出线端子。

2）标志的个位数是功能数，1、2 表示动断触头电路；3、4 表示动合触头电路。

3）标志的十位数是序列数。

4）不同类型或不同电压等级的线圈，其阻值不相等。

2. 安装元件

根据系统接线图，参考如图 1-23 所示工作台自动往返控制系统安装线路板，先固定 35mm 安装导轨，再将电器元件卡装在导轨上。固定元件时，要注意两点：

1）必须按图施工，根据接线图固定元器件。固定导轨时要充分考虑到，所有元件应整齐并均匀分布，元件之间的间距要合理，便于更换和维修。

2）紧固元器件时要用力均匀，紧固程度适当，防止用力过猛而损坏元件。

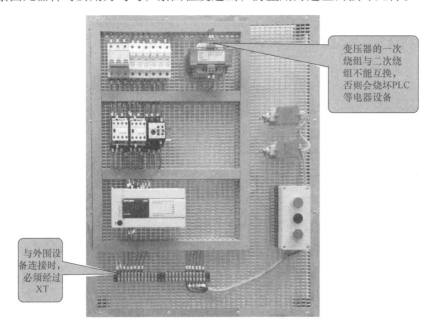

变压器的一次绕组与二次绕组不能互换，否则会烧坏PLC等电器设备

与外围设备连接时，必须经过 XT

图 1-23　工作台自动往返控制系统安装线路板

3. 板上配线安装

（1）配线安装原则　配线时，坚持先对板上元件配线，后对外围设备配线的原则。配线过程中，要做到以下几点：

1）必须按图施工，根据接线图布线。

2）各个接线端子引出导线的走向应以元件的中心线为界线，中心线上方的导线进入元件上面的走线槽；中心线下方的导线进入元件下面的走线槽，如图 1-23 所示。

3）槽外走线要合理，美观大方，横平竖直，高低前后一致，避免交叉。

4）布线时严禁损伤线芯和导线绝缘。导线与接线端子连接时，不允许压着绝缘层或露铜过长。羊眼圈不允许反圈，如图 1-24 所示。

5）进入走线槽内的导线要完全置于线槽内，尽可能避免交叉，装线的数量不得超过线槽总容量的 70%。

6）如图 1-24 所示，每一个接线端子只套一个号码管进行编号，且编号的文字方向保持一致。

（2）板上元件的配线安装　按图 1-17 和表 1-7，先对控制电路配线，后对主电路配线。

1）安装控制电路。

① PLC 输入电路的配线。依次安装 0、101、102、103、104、105、106、107、108、

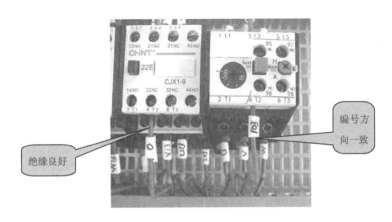

图 1-24　导线与接线端子的正确连接

109 和 110 号线。

② PLC 输出电路的配线。依次安装 201、202、203、204 和 205 号线。

注意：首次安装时应避免出现以下情况。

a. 导线的绝缘层剥得过多，露铜过长。如图 1-25 所示，203 号线露铜过长，容易造成安全隐患（要求露铜部分不超过 0.5mm）。

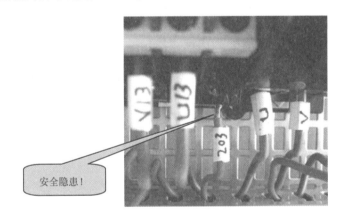

图 1-25　203 号线露铜过长

b. 导线与 FU、SB 接线端子连接时未做成羊眼圈或做成反圈，不能将导线全部固定在垫圈之下，或出现小股铜线分叉在接线端子之外。如图 1-26 所示，按钮线反圈，部分铜导线分叉在接线端子外，容易造成安全隐患。

c. 导线紧固前忘记套号码管、漏编或线号的文字编写方向不对。如图 1-27 所示，103 号反编。

2）安装主电路。依次安装 PE、L1、L2、L3、U11、V11、W11、U12、V12、W12、U13、V13、W13、U14、V、U 和 W 号线。操作时应注意 KM1、KM2 出线端的 U13 与 W13 号线的位置进行了对调。

4. 外围设备的配线安装

（1）安装连接按钮和行程开关　依次连接按钮和行程开关上的 104、105、106、107、

图 1-26 按钮接线不规范

图 1-27 103 号反编

108 和 109 号线,再按导线编号与接线端子 XT 的下端对接,切记行程开关的外壳要接地。

（2）安装连接电动机 安装电动机,引出电源连接线及金属外壳的接地线,按导线编号与接线端子 XT 的下端对接。

1）安装固定电动机。

2）识读电动机铭牌。电动机铭牌标出的主要技术参数都是电动机额定运行时的参数,供操作者正确使用时参考。如图 1-28 所示,0.75kW 表示该电动机允许输出的机械功率为 0.75kW；2.0A 表示该电动机定子绕组输入的线电流为 2A；380V 表示该电动机的线电压为 380V；接法丫表示该电动机运行时,其三相定子绕组采用丫联结。

图 1-28 三相异步电动机的铭牌

3）拆下电动机接线盒盖。

4）按照铭牌要求，将定子绕组连接为丫形，即 U2、V2 和 W2 短接，U1、V1 和 W1 接线引出且正确编号，如图 1-29 所示。

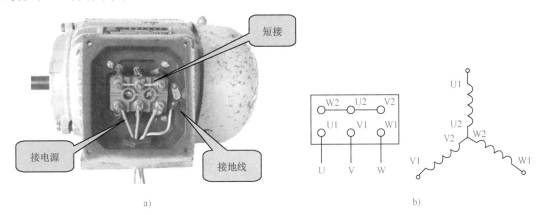

图 1-29　三相异步电动机丫联结

a）定子绕组丫联结实物图　b）定子绕组的丫联结示意图

5）将电动机的外壳引出接地线，编号为 PE。

6）固定安装接线盒盖。

7）根据线号，将电动机的引出线按编号与接线端子 XT 的下端对接。

（3）连接三相电源插头线　将三相电源线的一端与电源插头相连，另一端根据线号与接线端子 XT 的下端对接。连接插头时，不能将相线与接地线接反，否则会出现安全事故，图 1-30 所示为三相电源插头的正确连接。

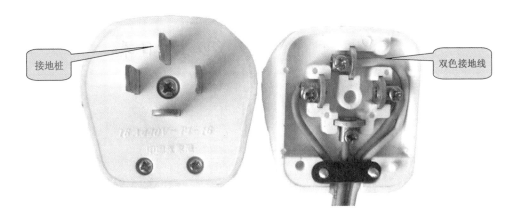

图 1-30　三相电源插头的正确连接

5. 自检

1）检查布线。对照线路图检查是否掉线、错线，是否漏编、错编，接线是否牢固等。

2）使用万用表检测，见表 1-13。使用万用表检测安装的电路，若测量阻值与正确阻值不符，应根据线路图检查是否有错线、掉线、错位或短路等。

表1-13　使用万用表的检测过程

序号	检测任务	操作方法		正确阻值	测量阻值	备注
1	检测主电路	合上 QF，断开 FU2 后分别测量 XT 的 L1 与 L2、L2 与 L3、L3 与 L1 之间的阻值	常态时，不动作任何元件	均为∞		
2			压下 KM1	均为电动机两相定子绕组的阻值之和		
3			压下 KM2			
4		接通 FU2 后，测量 XT 的 L1 和 L3 之间的阻值		TC 一次绕组的阻值		
5	检测 PLC 输入电路	测量 PLC 的电源输入端子 L 与 N 之间的阻值		约为 TC 二次绕组的阻值		
6		测量电源输入端子 L 与公共端子 0V 之间的阻值		∞		
7		常态时，测量所用输入点 X 与公共端子 0V 之间的阻值		均为几千欧到几十千欧		
8		逐一动作输入设备，测量对应的输入点 X 与公共端子 0V 之间的阻值		均约为 0Ω		
9	检测 PLC 输出电路	测量输入点 Y0、Y1 与公共端子 COM1 之间的阻值		均为 TC 二次绕组与 KM 线圈的阻值之和		
10	检测完毕，断开 QF					

6. 系统通电，观察 PLC 的指示 LED

经自检，确认电路正确且无安全隐患后，在教师监护下，按照表1-14，通电观察 PLC 的指示 LED 并做好记录（教师预先清空 PLC 中的用户程序）。

表1-14　指示 LED 工作情况记录表

步骤	操作内容	LED	正确结果	观察结果	备注
1	先插上电源插头，再合上断路器	POWER	点亮		已通电，注意安全
		所有 IN	均不亮		
2	RUN/STOP 开关拨至"STOP"位置	RUN	熄灭		
3	RUN/STOP 开关拨至"RUN"位置	RUN	点亮		PLC 运行
4	按下 SB1	IN1	点亮		输出继电器 Y 均不动作
5	按下 SB2	IN2	点亮		
6	按下 SB3	IN3	点亮		
7	动作 SQ1	IN4	点亮		
8	动作 SQ2	IN5	点亮		
9	按下 FR 测试按钮（Test）	IN6	点亮		
10	按下 FR 复位按钮（Reset）	IN6	熄灭		X6 复位
11	⚠ 拉下断路器后，拔下电源插头	POWER	熄灭		已断电，做了吗？

7. 教师输入程序，学生调试系统

1）如图1-31所示，用 SC－09 编程线缆连接计算机串行口 COM1 与 PLC 的编程接口。SC－09 编程线缆具有 RS232/RS422 通信转换功能。

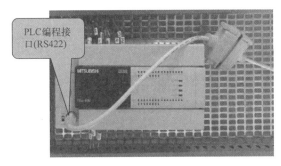

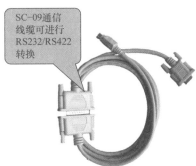

图 1-31　PLC 与计算机连接

2）先插上电源插头，再合上断路器。

3）将 PLC 的 RUN/STOP 开关拨至"STOP"状态。

4）传送程序（教师将工作台自动往返控制程序写入 PLC）。

5）将 PLC 的 RUN/STOP 开关拨至"RUN"位置。

6）按照表 1-15 动作输入设备，观察系统的运行情况并做好记录。如出现故障，应立即切断电源，分析原因后检查电路或梯形图，重新调试，直至系统实现功能。

表 1-15　系统运行情况记录表

操作步骤	操作内容	观察内容					
		指示 LED		接触器		电动机	
		正确结果	观察结果	正确结果	观察结果	正确结果	观察结果
1	按下 SB1	OUT0 点亮		KM1 吸合		正转	
2	动作 SQ1	OUT0 熄灭		KM1 释放		反转	
		OUT1 点亮		KM2 吸合			
3	动作 SQ2	OUT1 熄灭		KM2 释放		正转	
		OUT0 点亮		KM1 吸合			
4	动作 SQ1	OUT0 熄灭		KM1 释放		反转	
		OUT1 点亮		KM2 吸合			
5	按下 SB3	OUT1 熄灭		KM2 释放		停转	
6	按下 SB2	OUT1 点亮		KM2 吸合		反转	

（续）

操作步骤	操作内容	观察内容					
		指示 LED		接触器		电动机	
		正确结果	观察结果	正确结果	观察结果	正确结果	观察结果
7	动作 SQ2	OUT1 熄灭		KM2 释放		正转	
		OUT0 点亮		KM1 吸合			
8	动作 SQ1	OUT0 熄灭		KM1 释放		反转	
		OUT1 点亮		KM2 吸合			
9	按下测试按钮 FR	OUT1 熄灭		KM2 释放		停转	
10	按下 FR 复位按钮						

7）关闭系统电源，拔下三相电源插头。

8）分析调试结果。当 PLC 中无用户程序时，PLC 不能对输入信号做出判断处理，无法驱动输出设备，系统不工作；当输入用户程序后，PLC 根据用户程序和输入信号的指令，控制驱动输出设备工作，所以一个 PLC 控制系统必须由硬件和软件两部分组成，两者相互依存，否则系统无法正常工作。

8. 验证正反转的实现方法

1）将接触器 KM2 主触头出线端的 U13 和 V13 号线的位置对调，改变原反转主电路的电源相序。

2）先插上电源插头，再合上断路器。

3）将 PLC 的 RUN/STOP 开关拨至"RUN"位置。

4）按照表 1-16 动作输入设备，观察系统运行情况并做好记录。

表 1-16　系统运行情况记录表

操作步骤	操作内容	观察内容					
		指示 LED		接触器		电动机	
		正确结果	观察结果	正确结果	观察结果	正确结果	观察结果
1	按下 SB1	OUT0 点亮		KM1 吸合		正转	
2	动作 SQ1	OUT0 熄灭		KM1 释放		反转	
		OUT1 点亮		KM2 吸合			
3	动作 SQ2	OUT1 熄灭		KM2 释放		正转	
		OUT0 点亮		KM1 吸合			
4	动作 SQ1	OUT0 熄灭		KM1 释放		反转	
		OUT1 点亮		KM2 吸合			
5	按下 SB3	OUT1 熄灭		KM2 释放		停转	
6	按下 SB2	OUT1 吸合		KM2 吸合		反转	
7	动作 SQ2	OUT1 熄灭		KM2 释放		正转	
		OUT0 点亮		KM1 吸合			

（续）

操作步骤	操作内容	观察内容					
		指示 LED		接触器		电动机	
		正确结果	观察结果	正确结果	观察结果	正确结果	观察结果
8	动作 SQ1	OUT0 熄灭		KM1 释放		反转	
		OUT1 点亮		KM2 吸合			
9	动作 FR	OUT1 熄灭		KM2 释放		停转	
10	按下 FR 复位按钮						

5）关闭系统电源，拔下三相电源插头。

6）分析调试结果。比较两次系统运行结果，除了电动机的旋转方向发生变化外，其他所有结果均相同。可以得出结论，实现三相异步电动机正反转的方法是对调三相电源线中的任意两根。此方法常用于控制运动部件向相反的两个方向运动，如工作台向前或向后、滑台左移或右移等。

9. 操作要点

1）PLC 的电源必须从接线端子（L、N）引入，严禁从直流电源输出端子（+24V、0V）和输入信号端子 X 引入，否则会烧毁 PLC。

2）三相电源进线应接熔断器的上接线端子，负载线应接熔断器的下接线端子。

3）固定元件时，用力要适中，不可过猛。

4）软导线必须先拧成一束后，再插进接线端子内固定，严禁出现小股铜线分叉在接线端子外。

5）KM1 和 KM2 出线端的 U13 和 W13 号线的位置必须对调，否则无法实现电动机正反转。

6）变压器的铁心、电动机与行程开关的外壳、PLC 的接地端子都必须可靠接地。

7）PLC 的输入输出点严禁短路，否则会损坏 PLC。

8）通电调试前必须检查是否存有人身和设备安全隐患，确认安全后按照通电调试要求和步骤，在教师监护下进行。

▶ 六、质量评价标准

项目质量考核要求及评分标准见表 1-17。

表 1-17 质量评价表

考核项目	考核要求	配分	评分标准	扣分	得分	备注
元器件安装	1）按照接线图布置元件 2）会正确固定元件	10	1）不按接线图固定元件扣 5 分 2）元件安装不牢固每处扣 3 分 3）元件安装不整齐、不均匀、不合理每处扣 3 分 4）损坏元件每处扣 5 分			

（续）

考核项目	考核要求	配分	评分标准	扣分	得分	备注
线路安装	1）按图施工 2）布线合理，接线美观 3）布线规范，做到横平竖直，无交叉 4）安装规范，无线头松动、反圈、压皮、露铜过长及损伤绝缘层	50	1）不按接线图接线，扣40分 2）布线不合理、不美观每根扣3分 3）走线不横平竖直，每根扣3分 4）线头松动、反圈、压皮或露铜过长，每处扣3分 5）损伤导线绝缘或线芯，每根扣5分			
通电试车	按照要求和步骤正确检查、调试电路	40	1）主、控制电路配错熔管，每处扣10分 2）一次试车不成功扣10分 3）二次试车不成功扣20分 4）三次试车不成功扣40分			
安全生产	自觉遵守安全文明生产规程		1）漏接地线一处，扣10分 2）发生安全事故，0分处理			
时间	4h		提前正确完成，每5min加5分；超过规定时间，每5min扣2分			
开始时间			结束时间		实际时间	

▷ 七、拓展与提高

拓展部分

1. PLC 的产生与发展

　　1969 年美国数字设备公司（DEC）根据美国通用汽车公司要求，研制成功了世界上第一台可编程序逻辑控制器，取得很好的效果。20 世纪 70 年代中期，微处理器技术应用到 PLC 中，使 PLC 不仅具有逻辑控制功能，还增加了算术运算、数据传送和数据处理等功能。20 世纪 80 年代以后，随着大规模、超大规模集成电路等微电子技术的迅速发展，16 位和 32 位微处理器应用到了 PLC 中，使 PLC 具有了通信和联网、数据处理和图像显示等功能，PLC 真正成为具有逻辑控制、过程控制、运动控制、数据处理、联网通信等功能的多功能程序控制器。

　　自从第一台 PLC 出现以后，日本、德国、法国等也相继开始研制 PLC，并得以迅速发展。目前，世界上有 200 多家 PLC 生产厂商，400 多种产品，按地域可分成美国、欧洲和日本三个流派产品。著名的 PLC 生产厂家主要有美国的 A－B 公司、GE 公司，日本的三菱公司、欧姆龙公司、松下公司，德国的西门子公司等。

　　我国的 PLC 研制、生产和应用发展很快，尤其在应用方面更为突出，而且我国不少科研单位和工厂都在研制和生产 PLC。

2. FX$_{3U}$ 系列 PLC 基本单元的电源规格（表 1-18）

表 1-18　FX$_{3U}$ 系列 PLC 基本单元的电源规格

项目	FX$_{3U}$ - 16M	FX$_{3U}$ - 32M	FX$_{3U}$ - 48M	FX$_{3U}$ - 64M
额定电压	AC100 ~ 240V			
电压允许范围	AC85 ~ 264V			
额定频率	50/60/Hz			
允许瞬间停电时间	10ms 以下瞬间停电，能继续工作			
电源熔丝	250V、3.15A		250V、5A	
冲击电流	最大 30A、5ms 以下/AC100V 最大 65A、5ms 以下/AC200V			
耗电	30W	35W	40W	45W
DC24CV 供给电源	40mA 以下		600mA 以下	

3. FX$_{3U}$ 系列 PLC 的输入规格（表 1-19）

表 1-19　FX$_{3U}$ 系列 PLC 的输入规格

项目	DC 输入	
机种	FX$_{3U}$ 基本单元（漏型输入）	扩展单元
输入回路构成	可编程序控制器	可编程序控制器
输入信号电压	DC24V + 20%，- 30%	DC24V + 20%，- 30%
输入信号电流	X0 ~ X5　6mA/ DC24V X6，X7　7mA/ DC24V （X10 以后，5mA/ DC24V）	5mA/ DC24V
输入 ON 电流	X0 ~ X5　3.5mA 以上 X6，X7　4.5mA 以上 （X10 以后，3.5mA 以上）	3.5mA 以上/ DC24V
输入 OFF 电流	1.5mA 以下	1.5mA 以下
输入响应时间	约 10ms	约 10ms
输入信号形式	漏型输入时：无电压触点输入 NPN 开路集电极晶体管 源型输入时：无电压触点输入 PNP 开路集电极晶体管	
输入回路隔离	光耦隔离	
输入输出显示	光耦驱动时面板上的 LED 点亮	

4. FX$_{3U}$系列 PLC 基本单元的输出规格（表1-20）

表1-20　FX$_{3U}$系列 PLC 基本单元的输出规格

项目		继电器输出	晶体管输出	
输出回路构成		负载 外部电源 可编程序控制器	负载 外部电源 可编程序控制器	
外部电源		AC240V、DC30V 以下	DC5～30V	
回路隔离		机械隔离	光电耦合隔离	
动作表示		继电器线圈通电时 LED 点亮	光电耦合驱动时 LED 点亮	
最大负载	电阻负载	2A/1 点（＊2）	0.5A/1 点（＊1）	
	电感性负载	80V・A	12W/DC24V（＊4）	
开路漏电流		—	0.1mA/DC30V	
最小负载		DC5V　2mA	—	
响应时间	OFF→ON	约 10ms	0.2ms 以下	5μs（Y0～Y2）时
	ON→OFF	约 10ms	0.2ms 以下	5μs（Y0～Y2）时

5. FX$_{3U}$系列 PLC 基本单元的输入输出点分配（表1-21）

表1-21　FX$_{3U}$系列 PLC 基本单元的输入输出点分配

输入输出合计点数	输入点数	输出点数	DC 输入继电器输出	DC 输入晶体管输出
24	12	12	FX$_{3U}$－24MR	FX$_{3U}$－24MT
40	20	20	FX$_{3U}$－40MR	FX$_{3U}$－40MT
60	30	30	FX$_{3U}$－60MR	FX$_{3U}$－60MT

　　三菱 FX 系列可编程序逻辑控制器有 FX$_{2N}$、FX$_{2NC}$、FX$_{3U}$、FX$_{3UN}$等。按单元功能分，PLC 有基本单元和扩展单元等。基本单元含有 CPU、存储器、输入输出口及电源，是 PLC 的主要部分；而扩展单元是用于扩展 I/O 点数的装置，内部设有电源，但无 CPU。PLC 的输出类型有继电器输出、晶体管输出及晶闸管输出三种，其中继电器输出型带负载能力强，晶体管输出型响应时间短。FX$_{3U}$系列 PLC 无晶闸管输出型。

习题部分

1. PLC 控制系统一般由哪几部分组成？各部分作用是什么？

2. 三菱 FX$_{3U}$－48MR 的面板由哪几部分组成？各部分作用是什么？

3. 请画出按钮、行程开关、接触器、热继电器、变压器、三相异步电动机的图形及文字符号。

4. 如何识别按钮、接触器、热继电器、行程开关和熔断器的好坏？

5. 三相异步电动机的铭牌标有哪些主要技术参数？

6. 请解释可编程序控制器型号 $FX_{3U}-48MR$ 的含义。

7. 实现三相异步电动机正反转的方法是什么？

8. 简述接线图的绘制原则。

9. 简述板上元件配线安装的原则。

10. 如何检测工作台自动往返控制系统硬件电路的好坏？

项目二

三相异步电动机单向运转控制

▶ 一、学习目标

1）学会使用输入、输出继电器。

2）学会分析系统控制要求及分配 I/O 点，能正确识读三相异步电动机单向运转控制系统的梯形图、电路图。

3）学会使用 GX Developer 编程软件输入梯形图，阅读指令表。

4）独立完成三相异步电动机单向运转控制系统的安装与调试；掌握 PLC 输入、输出控制和自锁保持控制原理。

▶ 二、学习任务

1. 项目任务

本项目的任务是安装与调试三相异步电动机单向运转 PLC 控制系统。系统控制要求如下：

（1）起停控制　按下起动按钮，电动机运转；按下停止按钮，电动机停止运转。

（2）保护措施　系统具有必要的短路保护和过载保护。

2. 任务流程图

本项目的任务流程如图 2-1 所示。

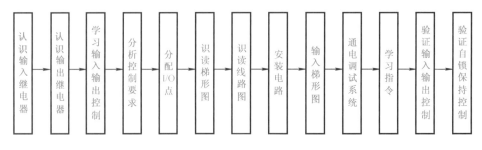

图 2-1　任务流程图

▶ 三、环境设备

学习所需工具、设备见表 2-1。

表 2-1　工具、设备清单

序号	分类	名称	型号规格	数量	单位	备注
1	工具	常用电工工具		1	套	
2		万用表	MF47	1	只	
3	设备	PLC	$FX_{3U}-48MR$	1	台	
4		小型三极断路器	DZ47-63	1	个	
5		控制变压器	BK100，380V/220V	1	个	
6		三相电源插头	16A	1	个	
7		熔断器底座	RT18-32	6	个	
8		熔管	2A	3	个	
9			6A	3	个	
10		热继电器	NR4-63	1	个	
11		交流接触器	CJX1-12/22，220V	1	个	
12		按钮	LA38/203	1	个	
13		三相笼型异步电动机	380V，0.75kW，丫联结	1	台	
14		端子板	TB-1512L	2	个	
15		安装铁板	$600mm \times 700mm$	1	块	
16		导轨	35mm	0.5	m	
17		走线槽	TC3025	若干	m	
18	消耗材料	铜导线	$BVR-1.5mm^2$	5	m	
19			$BVR-1.5mm^2$	2	m	双色
20			$BVR-1.0mm^2$	5	m	
21		紧固件	$M4 \times 20mm$ 螺钉	若干	只	
22			M4 螺母	若干	只	
23			$\phi 4mm$ 垫圈	若干	只	
24		编码管	$\phi 1.5mm$	若干	m	
25		编码笔	小号	1	支	

▶ 四、背景知识

由项目一可知，一个 PLC 控制系统由硬件和软件两大部分组成。所谓软件，通常指根据系统控制要求设计的用户程序。就程序本身而言，必须借助指令和编程元件表达，考虑到工程人员的习惯，部分编程元件也按类似于继电器电路中的元器件分类，如输入继电器、输出继电器、定时器、辅助继电器等，但与继电器电路不同的是，每个编程元件具有无穷多个动合、动断触点供程序设计人员编程时使用，故又称软元件。其中输入、输出继电器是最常用的软元件，是 PLC 内部与外部发生联系的窗口。

1. 输入继电器

PLC 每一个输入点都有一个对应的输入继电器，用编号 X□□□表示。PLC 输入点的状态由输入信号决定，即输入继电器的线圈只能由输入设备驱动，当某一输入端子与公共端

0V 接通时，该输入继电器线圈得电，其动合触点接通，动断触点断开；反之该输入继电器线圈失电，其触点恢复常态。故程序中不会出现输入继电器的线圈，编程时只使用其动合、动断触点。

1）编号范围。三菱 FX$_{3U}$ 系列 PLC 输入继电器的编号从 X000 开始，采用八进制，其输入/输出点总和不超过 248 点。必须注意的是，程序设计使用的输入继电器编号不得超过所用 PLC 输入点的范围，否则无效。

2）符号。输入继电器的符号如图 2-2 所示。

2. 输出继电器

PLC 每一个输出点都有一个对应的输出继电器，用编号 Y□□□表示。输出继电器主要用于驱动外部负载，当某一输出继电器线圈接通时，与之连接的外部负载接通电源工作；反之该负载断电停止工作，所以输出继电器的线圈只能由用户程序驱动，其动合、动断触点只作为其他软元件的工作条件在程序中出现。

1）编号范围。三菱 FX$_{3U}$ 系列 PLC 输出继电器的编号从 Y000 开始，也采用八进制编号，且同样要求输入/输出点总和不超过 248 点。与输入继电器一样，进行程序设计时，使用的输出继电器编号不得超过所用 PLC 输出点的范围。

2）符号。输出继电器的符号如图 2-3 所示。

图 2-2　输入继电器的符号　　　　　　　图 2-3　输出继电器的符号

3. PLC 的输入/输出控制功能

如图 2-4 所示，输入/输出继电器是输入/输出点在 PLC 内部的反映，其执行原理如下：

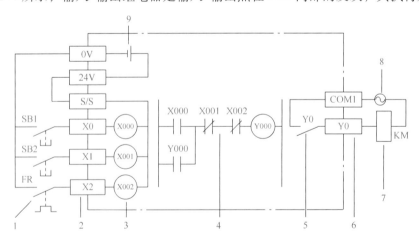

图 2-4　PLC 的输入/输出控制示意图

1—输入设备　2—输入端子　3—输入继电器　4—梯形图（程序）5—输出触头
6—输出端子　7—输出设备　8—外部负载电源　9—内部直流电源

1）起动。按下按钮 SB1 → 输入继电器 X000 线圈得电动作 → 梯形图中的 X000 动合触

点闭合 → 输出继电器 Y000 线圈得电动作，形成自锁保持 → 输出触头 Y0 闭合 → 输出设备 KM 线圈得电，系统起动。

2）停止。按下按钮 SB2 → 输入继电器 X001 线圈得电动作 → 梯形图中的 X001 动断触点断开 → 输出继电器 Y000 线圈失电 → 输出触头 Y0 断开 → 输出设备 KM 线圈失电，系统停止工作。

3）过载保护。热继电器 FR 动合触头闭合 → 输入继电器 X002 线圈得电动作 → 梯形图中的 X002 动断触点断开 → 输出继电器 Y000 线圈失电 → 输出触头 Y0 断开 → 输出设备 KM 线圈失电，系统停止工作，实现了过载保护功能。

输入、输出元件的动作时序如图 2-5 所示。

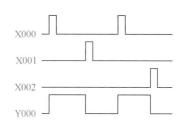

图 2-5　输入输出继电器的动作时序图

4. 分析控制要求，确定输入输出设备

（1）分析控制要求　项目任务要求该系统具有电动机单向运转控制功能，按下起动按钮，电动机得电运转；按下停止按钮（或过载），电动机停止运转。

（2）确定输入设备　根据控制要求分析，系统有 3 个输入信号：起动、停止和过载信号。由此确定，系统的输入设备有 2 个按钮和 1 个热继电器，PLC 需用 3 个输入点分别与它们的动合触头相连。

（3）确定输出设备　由项目一知，三相异步电动机的电源可由接触器的主触头引入，当接触器吸合时，电动机得电运转；接触器释放时，电动机失电停转。由此确定，系统的输出设备只有 1 个接触器，PLC 用 1 个输出点驱动控制该接触器的线圈即可满足要求。

5. I/O 点分配

根据确定的输入/输出设备及输入/输出点数，分配 I/O 点，见表 2-2。

表 2-2　输入/输出设备及 I/O 点分配表

输入			输出		
元件代号	功能	输入点	元件代号	功能	输出点
SB1	起动	X1			
SB2	停止	X2	KM	控制电动机运转	Y0
FR	过载保护	X3			

6. 系统梯形图

不同 PLC 的生产厂家所提供的编程语言不同，但程序的表达方式大致相同。一般最常用的表达方式是梯形图和指令表。图 2-6 是电动机单向运转控制系统梯形图，其动作时序图如图 2-7 所示，当 X001 接通时，Y000 动作，驱动输出设备工作；当 X002（或 X003）动作时，Y000 复位，输出设备停止工作。梯形图中的 END 为结束指令，表示程序结束。

7. 系统电路图

（1）电路图　图 2-8 是电动机单向运转控制系统电路图，其电路组成及元件功能见表 2-3。

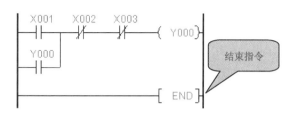

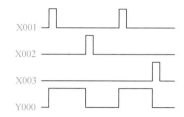

图 2-6 电动机单向运转控制系统梯形图   图 2-7 动作时序图

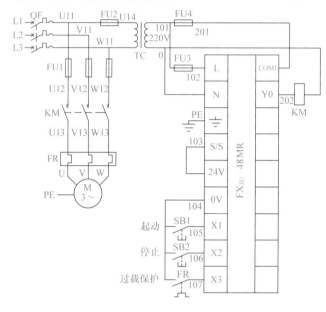

图 2-8 电动机单向运转控制系统电路图

表 2-3 电路组成及元件功能

序号	电路名称		电路组成	元件功能	备注
1	电源电路		QF	电源开关	
2			FU2	熔断器用作变压器短路保护	
3			TC	给 PLC 及 PLC 输出设备提供电源	
4	主电路		FU1	熔断器用作主电路短路保护	
5			KM 主触头	控制电动机的运行与停止	
6			FR 发热元件	过载保护	
7			M	电动机	
8	控制电路	PLC 输入电路	FU3	熔断器用作 PLC 电源电路短路保护	
9			SB1	起动	
10			SB2	停止	
11			FR 动合触头	过载保护	
12		PLC 输出电路	FU4	熔断器用作 PLC 输出电路短路保护	
13			KM 线圈	控制 KM 的吸合与释放	

（2）接线图 图 2-9 是电动机单向运转控制系统接线图，元件布置及布线情况见表 2-4。

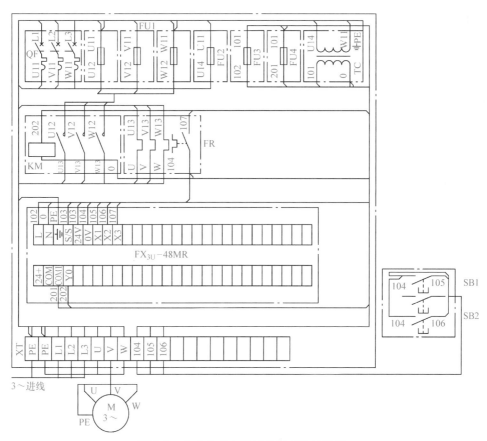

图 2-9　电动机单向运转控制系统接线图

表 2-4　元件布置及布线情况

序号	项目		具体内容	备注
1	元件布置	板上元件	QF、FU1、FU2、FU3、FU4、TC、KM、FR、PLC、XT	
2		外围元件	SB1、SB2、电动机 M	
3	板上元件的布线	PLC 输入电路走线	0：TC→KM TC→PLC	
4			101：TC→FU4→FU3	
5			102：FU3→PLC	
6			103：S/S→24V	
7			104：PLC→FR→XT	
8			105：PLC→XT	
9			106：PLC→XT	
10			107：PLC→FR	
11		PLC 输出电路走线	201：FU4→PLC	
12			202：PLC→KM	

（续）

序号	项目		具体内容	备注
13	板上元件的布线	主电路走线	L1、L2、L3：XT→QF	
14			U11：QF→FU1→FU2	
15			V11：QF→FU1	
16			W11：QF→FU1→TC	
17			U12、V12、W12：FU1→KM	
18			U13、V13、W13：KM→FR	
19			U14：FU2→TC	
20			U、V、W：FR→XT	
21	外围元件的布线	按钮线走线	104：XT→SB1→SB2	
22			105：XT→SB1	
23			106：XT→SB2	
24		电动机连接线走线	U、V、W：XT→M	
25		接地线走线	PE：XT→PLC（板上） XT→ TC（板上） 电源→XT→电动机 M（外围）	

▶ 五、操作指导

1. 安装电路

（1）检查元器件　根据表 2-1 配齐元器件，检查元件的规格是否符合要求，检测元件的质量是否完好。

（2）固定元器件　按照图 2-9 所示系统接线图接线，参考图 2-10 所示安装板固定元件。

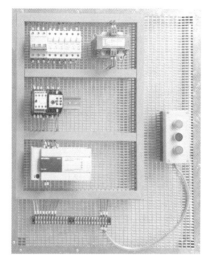

图 2-10　电动机单向运转控制系统安装板

（3）配线安装　根据配线原则及工艺要求，按接线图2-9和表2-4配线安装。

1）板上元件的配线安装

① 安装控制电路。先依次安装PLC输入电路的0、101、102、103、104、105、106和107号线，再依次安装PLC输出电路的201和202号线。

② 安装主电路。依次安装PE、L1、L2、L3、U11、V11、W11、U12、V12、W12、U13、V13、W13、U14、V、U和W号线。

2）外围设备的配线安装

① 安装连接按钮。依次连接按钮的104、105和106号线，再按照导线编号与接线端子XT的下端对接。

② 安装连接电动机。安装电动机，引出电源连接线及金属外壳的接地线，按照导线编号与接线端子XT的下端对接。

③ 连接三相电源插头线。

（4）自检

1）检查布线。对照线路图检查是否掉线、错线；是否漏编、错编，接线是否牢固等。

2）使用万用表检测。按表2-5，使用万用表检测安装的电路，如测量阻值与正确阻值不符，应根据电路图检查是否有错线、掉线、错位、短路等。

表2-5　万用表的检测过程

序号	检测任务	操作方法		正确阻值	测量阻值	备注
1	检测主电路	合上QF，断开FU2后分别测量XT的L1与L2、L2与L3、L3与L1之间的阻值	常态时，不动作任何元件	均为∞		
2			压下KM	均为M两相定子绕组的阻值之和		
3		接通FU2，测量XT的L1和L3之间的阻值		TC一次绕组的阻值		
4	检测PLC输入电路	测量PLC的电源输入端L与N之间的阻值		约为TC二次绕组的阻值		
5		测量电源输入端L与公共端子0V之间的阻值		∞		
6		常态时，测量所用输入点X与公共端子0V之间的阻值		均为几千欧到几十千欧		
7		逐一动作输入设备，测量对应的输入点X与公共端子0V之间的阻值		均约为0Ω		
8	检测PLC输出电路	测量输出点Y0与公共端子COM1之间的阻值		TC二次绕组与KM线圈的阻值之和		
9	检测完毕，断开QF					

（5）系统通电，观察PLC的指示LED　经自检，确认电路连接正确和无安全隐患后，在教师监护下，按表2-6通电观察PLC的指示LED并做好记录。

表 2-6　指示 LED 工作情况记录表

步骤	操作内容	LED	正确结果	观察结果	备注
1	先插上电源插头，再合上断路器	POWER	点亮		已通电，注意安全
		所有 IN	均不亮		
2	RUN/STOP 开关拨至"RUN"位置	RUN	点亮		LED 点亮，说明 PLC 运行正常
3	RUN/STOP 开关拨至"STOP"位置	RUN	熄灭		
4	按下 SB1	IN1	点亮		LED 点亮，说明输入电路正常
5	按下 SB2	IN2	点亮		
6	按下 FR 测试按钮（Test）	IN3	点亮		
7	按下 FR 复位按钮（Reset）	IN3	熄灭		X003 复位
8	⚠ 拉下断路器后，拔下电源插头	POWER	熄灭		已断电，做了吗？

2. 输入梯形图

PLC 编程设备一般有两类，一类是手持编程器，携带方便，适用于工业控制现场；另一类是个人计算机，借助 PLC 编程软件，简单容易、便于修改。三菱 GX Developer 编程软件是一种适用于 FX 系列 PLC 的中文编程软件，用它可进行梯形图和指令表等程序的输入，还可完成程序编辑、传送、监控等操作。启动 GX Developer 编程软件，输入图 2-6 所示的电动机单向运转控制系统梯形图。

（1）启动 GX Developer 编程软件　双击桌面上的图标 ，弹出如图 2-11 所示的 GX Developer 编程软件窗口。

图 2-11　GX Developer 窗口

（2）创建新工程，选择 PLC 类型　如图 2-12 所示，执行［工程］→［创建新工程］命令，弹出如图 2-13 所示的"创建新工程"对话框。在"PLC 系列"中选中"FXCPU"，在"PLC 类型"中选中"FX3U（C）"，在"程序类型"中单击"梯形图"后，按［Enter］键或单击［确定］按钮后，进入程序编辑界面，如图 2-14 所示。

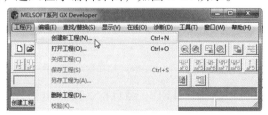

图 2-12　创建新文件命令

图 2-13　"创建新工程"对话框

a)

b)

图 2-14　程序编辑界面

a) GX Develope 编辑窗口　b) 功能图窗口

1—动合触点按钮　2—并联动合触点按钮　3—动断触点按钮　4—并联动断触点按钮

5—线圈按钮　6—应用指令按钮　7—画横线按钮　8—画竖线按钮　9—横线删除按钮

10—竖线删除按钮　11—上升沿脉冲按钮　12—下降沿脉冲按钮　13—并联上升沿脉冲按钮

14—并联下降沿脉冲按钮

（3）输入元件

1）输入动合触点 X001。单击功能图窗口中的动合触点按钮，弹出图 2-15 所示的"梯形图输入"对话框，定位光标后，用键盘输入 X001。按［Enter］键或单击［确定］按钮后，梯形图编辑区光标处显示动合触点 X001，如图 2-16 所示。

2）并联动合触点 Y000。如图 2-16 所示，单击 X001 动合触点的下方，将光标移至 Y000 动合触点输入处。单击功能图窗口中的并联动合触点按钮，弹出"输入元件"对话框，光标定位后输入 Y000。按［Enter］键或［确认］按钮后，梯形图编辑区光标处显示

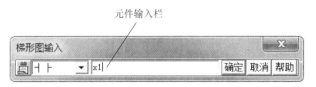

图 2-15 "梯形图输入"对话框

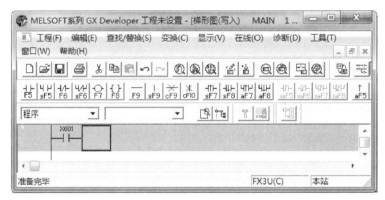

图 2-16 输入动合触点 X001 后的梯形图窗口

Y000 动合触点与 X001 动合触点并联，如图 2-17 所示。

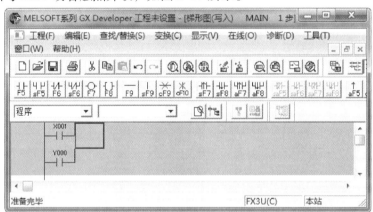

图 2-17 并联动合触点 Y000 后的梯形图窗口

3）串联动断触点 X002。单击 X001 动合触点右侧，将光标移至 X002 动断触点输入处。单击功能图窗口中的动断触点按钮 ，在弹出的"梯形图输入"对话框中输入 X002 后，回车确认。

4）用同样的方法串联动断触点 X003。

5）输入输出线圈 Y000。单击功能图窗口中的线圈按钮 ，在弹出的"梯形图输入"对话框中输入 Y000 后，回车确认。

6）输入 END。单击功能图窗口中的功能按钮 ，在弹出的"梯形图输入"对话框中输入 END 后，回车确认。图 2-18 所示为输入完成后的梯形图窗口。

（4）转换梯形图 如图 2-19 所示，执行［变换］→［变换］命令，将创建的梯形图转换

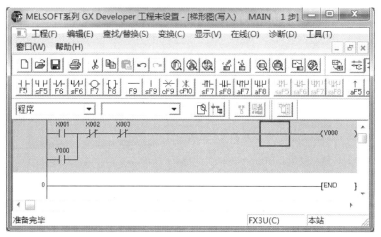

图 2-18　输入完成后的梯形图窗口

格式后存入计算机。转换完成的梯形图底纹由灰色变成白色，如图 2-20 所示。

图 2-19　转换梯形图命令

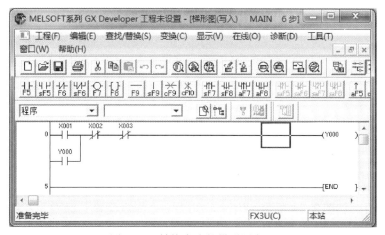

图 2-20　转换完成的梯形图窗口

　　（5）保存文件　如图 2-21 所示，执行［工程］→［保存工程］命令后，弹出图 2-22 所示的"另存工程为"对话框。在对话框中选择文件保存的磁盘、路径，将文件赋名"项目2 – 1. pmw ”后，单击［保存］按钮进行保存。

图 2-21　文件保存命令

选择保存的硬盘

图 2-22　"另存工程为" 对话框

3. 通电调试系统

（1）连接计算机与 PLC　用 SC – 09 编程线缆连接计算机 COM1 串行口与 PLC 的编程接口。

（2）写入程序

1）接通系统电源，将 PLC 的 RUN/STOP 开关拨至"STOP"位置。

2）端口设置。如图 2-23 所示，执行［在线］→［传输设置］命令，在弹出的"传输设置"对话框中双击"串行 USB"图标，弹出"PC I/F 串口详细设置"对话框，在对话框中选择"RS – 232C""COM1"和"9.6Kbps"后，单击［确认］按钮完成，如图 2-24 所示。

3）写入程序"项目 2 – 1. pmw"。如图 2-25 所示，执行［在线］→［PLC 写入］命令后，弹出图 2-26 所示的"PLC 写入"对话框。先在对话框中选择程序"MAIN"，再单击［程序］→

图 2-23 端口设置命令

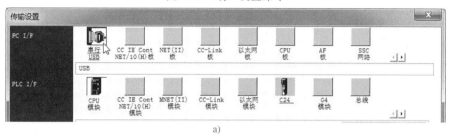

a)

b)

图 2-24 端口设置对话框

a)"传输设置"对话框 b)"PC I/F 串口详细设置"对话框

图 2-25 程序写入命令

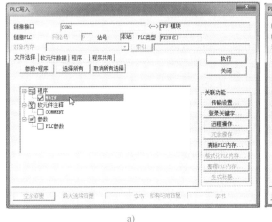 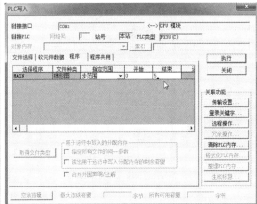

a) b)

图 2-26 程序写入对话框
a)"PLC 写入"对话框 b)PLC 写入设置

[指定范围]→[步范围],最后在"步范围"一栏中输入程序结束步数据,单击 [执行] 按钮后,计算机便开始向 PLC 传送程序。在传送程序的同时,计算机显示传送的进程,直至结束,如图 2-27 所示。

(3) 调试系统 将 PLC 的 RUN/STOP 开关拨至"RUN"位置后,按照表 2-7 操作,观察系统的运行情况并做好记录。如出现故障,应立即切断电源、分析原因、检查电路或梯形图后重新调试,直至系统实现功能。

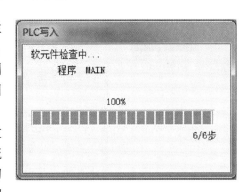

图 2-27 程序写入进程显示框

表 2-7 系统运行情况记录表

步骤	操作内容	观察内容						备注
		指示 LED		接触器		电动机		
		正确结果	观察结果	正确结果	观察结果	正确结果	观察结果	
1	按下 SB1	OUT0 点亮		KM 吸合		运转		
2	按下 SB2	OUT0 熄灭		KM 释放		停转		
3	按下 SB1	OUT0 点亮		KM 吸合		运转		
4	按 FR 测试按钮	OUT0 熄灭		KM 释放		停转		
5	按下 FR 复位按钮,将 FR 复位							

(4) 分析运行结果 三相异步电动机单向运转控制系统在外部按钮指令下,按照设计的程序,对输入输出设备的状态进行计算、处理和判断后,驱动输出设备完成相应的动作。按下起动按钮 SB1,PLC 驱动输出设备 KM 吸合,电动机得电连续运转;按下停止按钮 SB2,PLC 停止驱动 KM,电动机失电停止运转。

4. 学习指令表

PLC 的梯形图和指令表之间有严格的一一对应关系，梯形图用图形符号之间的相互关系表达控制思想，指令则是其对应的语句表达形式。

1）打开指令表窗口。如图 2-28 所示，执行［显示］→［列表显示］命令，将视图切换至指令表窗口，如图 2-29 所示。

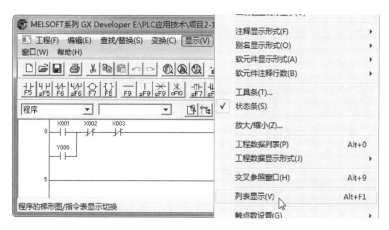

图 2-28　打开指令表窗口命令

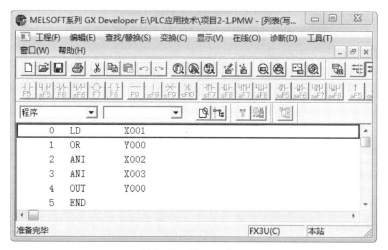

图 2-29　指令表窗口

2）阅读指令表。阅读图 2-29 所示的指令表，各指令功能见表 2-8。

表 2-8　指令表功能

程序步	指令	元件号	指令功能	备注
0	LD	X001	从母线上取用 X001 动合触点	
1	OR	Y000	并联 Y000 动合触点	
2	ANI	X002	串联 X002 动断触点	
3	ANI	X003	串联 X003 动断触点	
4	OUT	Y000	驱动 Y000 线圈	
5	END		程序结束	

5. 验证输入输出控制

修改输入输出继电器的编号，验证 PLC 输入输出控制功能。将图 2-6 所示的系统梯形图修改为图 2-30 所示，其中输入继电器 X004 取代 X002，输出继电器 Y001 取代 Y000，其他不变。

（1）打开梯形图窗口　如图 2-31 所示，执行［显示］→［梯形图显示］命令，将视图切换至梯形图窗口。

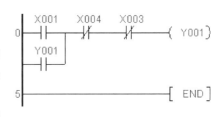

图 2-30　修改后的梯形图

图 2-31　打开梯形图窗口命令

（2）修改梯形图

1）将元件 X002 修改为 X004。双击 X002 动断触点，在弹出的"梯形图输入"对话框中，将 X002 修改为 X004 后，回车确认。如图 2-32 所示，部分梯形图底纹由白色变为灰色，表示此时梯形图处于编辑状态。

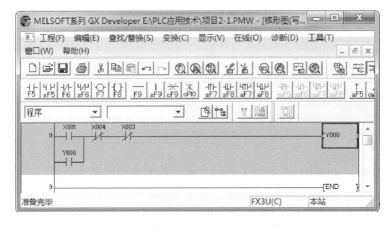

图 2-32　编辑状态的 GX Developer 窗口

2）将 Y000 修改为 Y001。与上述方法一样，将动合触点 Y000 和线圈 Y000 都修改为 Y001。

3）转换梯形图。

4）另存文件。如图 2-33 所示，执行［工程］→［另存工程为］命令，在弹出的"另存工程为"对话框中,将文件另赋名为"项目2-2. pmw"后确认保存。

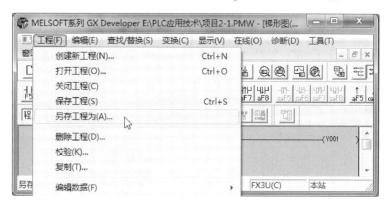

图 2-33 文件另存命令

(3) 写入程序 将 RUN/STOP 开关打至"STOP"位置后,根据程序"项目2-1. pmw"的写入方法将程序"项目2-2. pmw"写入 PLC。

(4) 调试系统 将 RUN/STOP 开关打至"RUN"位置后,按表2-9操作,观察系统运行情况,并做好记录。

表 2-9 系统运行情况记录表

步骤	操作内容	观察内容				备注
		指示 LED		接触器		
		正确结果	观察结果	正确结果	观察结果	
1	按下 SB1	IN1 点亮		KM 不动作		
		OUT0 不亮				
		OUT1 点亮				
2	按下 SB2	IN2 点亮		KM 不动作		
		IN4 不亮				
		OUT1 点亮				
3	按 FR 测试按钮	IN3 点亮		KM 不动作		
		OUT1 熄灭				
4	按下 FR 复位按钮,将 FR 复位					

(5) 分析运行结果

1) 按下起动按钮 SB1,程序驱动输出继电器 Y001 动作;但在硬件上,KM 由输出点 Y0 驱动,两者未能达成统一,故 KM 不动作。

2) 按下停止按钮 SB2,程序未能做出判断。因为 SB2 接在输入点 X2 上,而程序实现停止功能的输入继电器是 X004,故 Y001 继续保持动作状态。

3) 当 FR 动作时,Y001 指示 LED 熄灭,实现了停止功能。

输入/输出点与输入/输出继电器是一一对应的关系,编程时使用的元件编号必须与硬件连接相对应。在进行系统设计时,必须预先考虑实际 PLC 输入/输出的点数,以免出现不能满足用户编程需要的情况。

6. 验证自锁保持控制

删除图 2-6 所示的系统梯形图中的自锁保持触点 Y000，通电试车，验证自锁保持控制。

（1）打开文件　如图 2-34 所示，执行［工程］→［打开工程］命令，在弹出的对话框中选择文件"项目 2 – 1.pmw"保存的磁盘路径，选中"项目 2 – 1.pmw"后单击［确定］按钮即可。

图 2-34　文件打开命令

（2）修改梯形图

1）删除动合触点 Y000。将光标移到动合触点 Y000 的后面，按下键盘上的退格键"Backspace"将其删除。

2）删除竖连线。将光标移到所要删除竖连线的右上方，按下功能图窗口中的竖连线删除按钮 **DEL** 即可。

3）转换梯形图。

4）另存文件。将文件另存为"项目 2 – 3.pmw"。

（3）写入程序　将 RUN/STOP 开关拨至"STOP"位置后，写入程序"项目 2 – 3.pmw"。

（4）调试运行系统　将 RUN/STOP 开关拨至"RUN"位置，按表 2-10 运行系统，观察系统的运行情况并做好记录。

表 2-10　系统运行情况记录表

步骤	操作内容	观察内容						备注
		指示 LED		接触器		电动机		
		正确结果	观察结果	正确结果	观察结果	正确结果	观察结果	
1	按下 SB1	IN1 点亮		KM 吸合		运转		
		OUT0 点亮						
2	松开 SB1	IN1 熄灭		KM 释放		停转		
		OUT0 熄灭						

（5）分析运行结果　与文件"项目 2 – 1.pmw"的运行结果比较得出，实现自锁保持的方法是并联输出继电器及输入继电器的动合触点。自保持程序应用非常广泛，这里是输出继

电器自保持，待学习辅助继电器后，通常还采用辅助继电器自保持。

7. 操作要点

1）认真查阅 PLC 使用手册，安装接线要正确，避免损坏机器设备。

2）系统的硬件部分必须有必要的接地保护措施。

3）输入梯形图过程中要及时转换、保存，避免由于掉电或编程错误而出现程序丢失现象。

4）串行口的设置要正确，否则会出现计算机通信错误。

5）通电调试操作必须在教师的监护下进行。

6）训练项目应在规定的时间内完成，同时做到安全操作和文明生产。

▶ 六、质量评价标准

项目质量考核要求及评分标准见表 2-11。

表 2-11　质量评价表

考核项目	考核要求	配分	评分标准	扣分	得分	备注
系统安装	1）会安装元件 2）按图完整、正确及规范接线 3）按照要求编号	30	1）元件松动一处扣2分，损坏一处扣4分 2）错、漏线每处扣2分 3）反圈、压皮、松动，每处扣2分 4）错、漏编号，每处扣1分			
编程操作	1）会建立程序新文件 2）正确输入梯形图 3）正确保存文件 4）会传送程序 5）会转换梯形图	40	1）不能建立程序新文件或建立错误扣4分 2）输入梯形图错误一处扣2分 3）保存文件错误扣4分 4）传送程序错误扣4分 5）转换梯形图错误扣4分			
运行操作	1）正确操作运行系统，分析运行结果 2）会编辑修改程序，验证输入输出控制 3）会编辑修改程序，验证自锁保持控制	30	1）系统通电操作错误一步扣3分 2）分析运行结果错误一处扣2分 3）编辑修改程序错误一处扣2分 4）分析验证结果错误一处扣2分			
安全生产	自觉遵守安全文明生产规程		1）漏接接地线一处扣5分 2）每违反一项规定扣3分 3）发生安全事故按0分处理			
时间	4h		提前正确完成，每5min加5分 超过规定时间，每5min扣2分			
开始时间		结束时间		实际时间		

七、拓展与提高

拓展部分

1. LD、LDI 及 OUT 指令说明

（1）指令及其功能 LD、LDI 及 OUT 指令功能及其电路表示见表2-12。

表 2-12 指令功能及电路表示

助记符、名称	功能	电路表示和可用软元件	程序步
LD 取	动合触点逻辑运算开始	⊢⊢ X，Y，M，S，T，C	1
LDI 取反	动断触点逻辑运算开始	⊣/⊢ X，Y，M，S，T，C	1
OUT 输出	线圈驱动	◯ Y，M，S，T，C	Y，M：1 S，特 M：2 T：3 C：3~5

（2）指令说明

1）LD、LDI 指令用于将触点连接到母线上，在分支的起点也可使用。

2）OUT 指令用于驱动输出继电器、辅助继电器、状态元件、定时器、计数器等线圈，对输入继电器不能使用。

3）并联的 OUT 指令可以连续使用。

（3）应用举例 LD、LDI 及 OUT 指令的应用如图2-35所示。

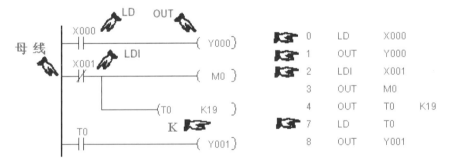

图 2-35 LD、LDI 及 OUT 指令的应用举例

2. AND 及 ANI 指令说明

（1）指令及其功能 AND 及 ANI 指令功能及其电路表示见表2-13。

表 2-13 指令功能及电路表示

助记符、名称	功能	电路表示和可用软元件	程序步
AND 与	动合触点串联连接	⊢⊢ X，Y，M，S，T，C	1
ANI 与非	动断触点串联连接	⊣/⊢ X，Y，M，S，T，C	1

（2）指令说明

1）AND、ANI 指令可串联 1 个触点。

2）OUT 指令用在其后，通过触点对其他线圈使用 OUT 指令，称为纵接输出。

（3）应用举例 AND 及 ANI 指令的应用如图 2-36 所示。

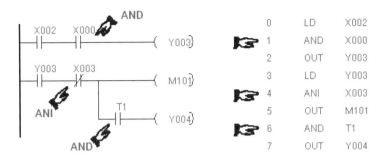

图 2-36 AND 及 ANI 指令的应用举例

3. OR 及 ORI 指令说明

（1）指令及其功能

OR 及 ORI 指令功能及其电路表示见表 2-14。

表 2-14 指令功能及电路表示

助记符、名称	功能	电路表示和可用软元件		程序步
OR 或	动合触点并联连接		X，Y，M，S，T，C	1
ORI 或非	动断触点并联连接		X，Y，M，S，T，C	1

（2）指令说明

1）OR、ORI 指令可并联 1 个触点。

2）OR、ORI 指令是指该指令步的开始，与 LD、LDI 指令步进行并联。

（3）应用举例 OR 及 ORI 指令的应用如图 2-37 所示。

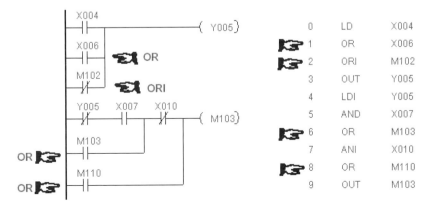

图 2-37 OR 及 ORI 指令的应用举例

习题部分

1. 请写出如图 2-38a 所示梯形图所对应的指令表，若其输入继电器的动作时序如图 2-38b所示，试画出 Y003 的动作时序图。

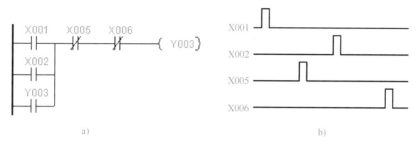

图 2-38　题 1 图
a）梯形图　b）输入时序图

2. 请画出指令表 2-15 所对应的梯形图。

表 2-15　题 2 表

0	LD	X001	3	ANI	X000	6	OUT	Y003
1	OR	Y003	4	ANI	Y001	7	END	
2	OR	Y004	5	ANI	Y002			

3. 若项目二的控制要求不变，输入/输出点重新分配见表 2-16，请画出系统的电路图和梯形图。

表 2-16　题 3 表

输入			输出		
元件代号	功能	输入点	元件代号	功能	输出点
SB1	起动	X3	KM	电动机运转控制	Y4
SB2	停止	X5			
FR	过载保护	X6			

4. 用 PLC 实现对某台电动机多地控制，具体控制要求如下：

1）按下起动按钮 SB1 或 SB2，电动机起动运转。

2）按下停止按钮 SB3 或 SB4，电动机停转。

3）具有必要的短路保护和过载保护。

项目三

三相异步电动机可逆运转控制

▶ 一、学习目标

1）学会分析系统控制要求及分配 I/O 点，能正确识读三相异步电动机可逆运转控制系统梯形图、线路图。

2）学会使用 GX　Developer 编程软件监控梯形图。

3）独立完成三相异步电动机可逆运转控制系统的安装与调试，学会软元件联锁及硬件联锁的方法。

▶ 二、学习任务

1. 项目任务

本项目的任务是安装与调试 PLC 控制的三相异步电动机可逆运转系统。系统控制要求如下：

（1）起停控制　按下正向起动按钮，电动机正向运转；按下反向起动按钮，电动机反向运转。按下停止按钮，电动机停止运转。

（2）保护措施　系统具有必要的短路保护和过载保护。

2. 任务流程图

本项目的任务流程如图 3-1 所示。

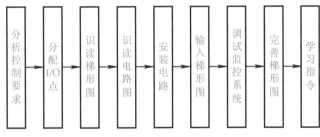

图 3-1　任务流程图

▶ 三、环境设备

学习所需工具、设备见表 3-1。

表 3-1　工具、设备清单

序号	分类	名称	型号规格	数量	单位	备注
1	工具	常用电工工具		1	套	
2		万用表	MF47	1	只	
3	设备	PLC	$FX_{3U}-48MR$	1	台	
4		小型三极断路器	DZ47-63	1	个	
5		控制变压器	BK100，380V/220V	1	个	
6		三相电源插头	16A	1	个	
7		熔断器	RT18-32	6	个	
8		熔管	2A	3	只	
9			6A	3	只	
10		热继电器	NR4-63	1	个	
11		交流接触器	CJX1-12/22，220V	2	个	
12		按钮	LA38/203	1	个	
13		三相笼型异步电动机	380V，0.75kW，丫联结	1	台	
14		端子板	TB-1512L	2	个	
15		安装铁板	600mm×700mm	1	块	
16		导轨	35mm	0.5	m	
17		走线槽	TC3025	若干	m	
18	消耗材料	铜导线	$BVR-1.5mm^2$	5	m	
19			$BVR-1.5mm^2$	2	m	双色
20			$BVR-1.0mm^2$	5	m	
21		紧固件	M4×20mm 螺钉	若干	只	
22			M4 螺母	若干	只	
23			$\phi4mm$ 垫圈	若干	只	
24		编码管	$\phi1.5mm$	若干	m	
25		编码笔	小号	1	支	

▶ 四、背景知识

　　通过学习项目一可知，实现电动机正反转的方法是对调电动机电源线中的任意两根，即改变正反转接触器主触头的出线相序。可见三相异步电动机可逆运转控制系统只需在项目二的基础上，增加反转控制功能即可。

　　1. 分析控制要求，确定输入/输出设备

　　（1）分析控制要求　项目任务要求该系统具有三相异步电动机可逆运转控制功能，按下正向起动按钮，电动机得电，正向运转；按下反向起动按钮，电动机得电，反向运转；按下停止按钮（或过载），电动机停止运转。

　　（2）确定输入设备　根据控制要求分析，系统有 4 个输入信号：正向起动、反向起动、停止和过载信号。由此确定，系统的输入设备有 3 只按钮和 1 只热继电器，PLC 需用 4 个输入点分别与它们的动合触头相连。但实际操作时，为了节省输入点，过载保护也可通过硬件连接实现。本项目将采用这种过载保护方式。

（3）确定输出设备　系统的输出设备有 2 只接触器，PLC 需用 2 个输出点分别驱动正、反转接触器的线圈。

2. I/O 点分配

根据确定的输入/输出设备及输入/输出点数分配 I/O 点，详见表3-2。

表 3-2　输入/输出设备及 I/O 点分配表

输入			输出		
元件代号	功能	输入点	元件代号	功能	输出点
SB1	正向起动	X1	KM1	正向运转	Y0
SB2	反向起动	X2	KM2	反向运转	Y1
SB3	停止	X3			

3. 系统梯形图

如图 3-2 所示为电动机可逆运转控制系统梯形图，其动作时序如图 3-3 所示。

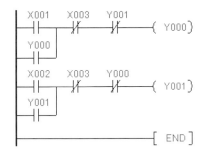

图 3-2　电动机可逆运转控制系统梯形图

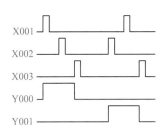

图 3-3　系统动作时序图

1）正向起动。

X001 动作 → Y000 动作且保持 ── 电动机正向运转。
　　　　　　　　　　　　　　　└→ Y000 动断触点断开，联锁保护 ──
　　　　　　　　　　　　　　　　　　　　　　　　　反向运转无法起动。←┘

2）停止。

X003 动作 → Y000 复位 → 电动机停止运转。

3）反向起动。

X002 动作 → Y001 动作且保持 ── 电动机反向运转。
　　　　　　　　　　　　　　　└→ Y001 动断触点断开，联锁保护 ──
　　　　　　　　　　　　　　　　　　　　　　　　　正向运转无法起动。←┘

4. 系统线路图

（1）电路图　如图 3-4 所示为电动机可逆运转控制系统电路图，其电路组成及元件功能见表3-3。

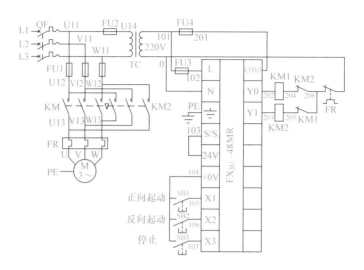

图 3-4 电动机可逆运转控制系统电路图

表 3-3 电路组成及元件功能

序号	电路名称	电路组成	元件功能		备注
1	电源电路	QF	电源开关		
2		FU2	用作变压器短路保护		
3		TC	给 PLC 及 PLC 输出设备提供电源		
4	主电路	FU1	用作主电路短路保护		
5		KM1 主触头	控制电动机的正向运转	对调三根电源线中的两根	
6		KM2 主触头	控制电动机的反向运转		
7		FR	过载保护		
8		M	电动机		
9	控制电路	PLC 输入电路	FU3	用作 PLC 电源电路短路保护	FR 常闭触头串联在接触器线圈回路中
10			SB1	正向起动	
11			SB2	反向起动	
12			SB3	停止	
13		PLC 输出电路	FU4	用作 PLC 输出电路短路保护	
14			KM1 线圈	控制 KM1 的吸合与释放	
15			KM2 线圈	控制 KM2 的吸合与释放	
16			KM1、KM2 常闭触头	正反转硬件联锁保护	
17			FR 常闭触头	过载保护	

（2）接线图　如图 3-5 所示为电动机可逆运转控制系统接线图，元件布置及布线情况见表 3-4。

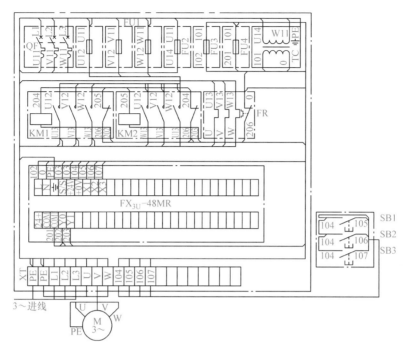

图 3-5　电动机可逆运转控制系统接线图

表 3-4　元件布置及布线情况

序号	项目		具体内容	备注
1	元件布置	板上元件	QF、FU1、FU2、FU3、FU4、TC、KM1、KM2、FR、PLC、XT	
2		外围元件	SB1、SB2、SB3、电动机 M	
3	板上元件的布线	PLC 输入电路走线	0：TC→FR→PLC	
4			101：TC→FU4→FU3	
5			102：FU3→PLC	
6			103：S/S→24V	
7			104～107：PLC→XT	
8		PLC 输出电路走线	201：FU3→PLC（COM1）	
9			202：PLC→KM1	
10			203：PLC→KM2	
11			204：KM1→KM2	
12			205：KM2→KM1	
13			206：FR→KM2→KM1	
14		主电路走线	L1、L2、L3：XT→QF	
15			U11：QF→FU1→FU2	
16			V11：QF→FU1	
17			W11：QF→FU1→TC	
18			U12、V12、W12：FU1→KM2→KM1	

（续）

序号	项目		具体内容	备注
19	板上元件的布线	主电路走线	U13、V13、W13：KM2→KM1→FR	
20			U14：FU2→TC	
21			U、V、W：FR→XT	
22	外围元件的布线	按钮线走线	104：XT→SB1→SB2→SB3	
23			105～107：XT→SB	
24		电动机连接线走线	U、V、W：XT→M	
25		接地线走线	PE：XT→PLC XT→TC 电源→XT→电动机 M（外围）	

▶ 五、操作指导

1. 安装电路

（1）检查元器件 根据表 3-1 配齐元器件，检查元件的规格是否符合要求，检测元件的质量是否完好。

（2）固定元器件 按照图 3-5 所示接线图接线，参考图 3-6 所示安装板固定元件。

（3）配线安装 根据配线原则及工艺要求，对照接线图 3-5 和表 3-4 进行配线安装。

1）板上元件的配线安装

① 安装控制电路。先依次安装 PLC 输入电路的 0、101、102、103、104、105、106 和 107 号线，再依次安装 PLC 输出电路的 201、202、203、204、205 和 206 号线。

② 安装主电路。依次安装 PE、L1、L2、L3、U11、V11、W11、U12、V12、W12、U13、V13、W13、U14、U、V 和 W 号线。

2）外围设备的配线安装

① 安装连接按钮。依次连接按钮的 104、105、106 和 107 号线，再按照导线编号与接线端子 XT 的下端对接。

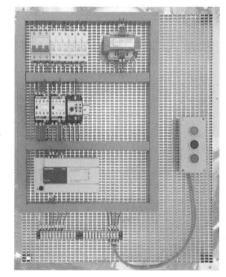

图 3-6 电动机可逆运转控制系统安装板

② 安装连接电动机。安装电动机，引出电源连接线及金属外壳的接地线，按照导线编号与接线端子 XT 的下端对接。

③ 连接三相电源插头线。

（4）自检

1）检查布线。对照线路图检查是否掉线、错线，是否漏编、错编，接线是否牢固等。

2）使用万用表检测。按表 3-5，使用万用表检测安装的电路，如测量阻值与正确阻值不符，应根据接线图检查是否有错线、掉线、错位、短路等。

表 3-5　万用表的检测过程

序号	检测任务	操作方法		正确阻值	测量阻值	备注
1	检测主电路	合上 QF，断开 FU2 后分别测量 XT 的 L1 与 L2、L2 与 L3、L3 与 L1 之间的阻值	常态时，不动作任何元件	均为∞		
2			压下 KM1	均为电动机两相定子绕组的阻值之和		
3			压下 KM2			
4		接通 FU2，测量 XT 的 L1 和 L3 之间的阻值		TC 一次绕组的阻值		
5	检测 PLC 输入电路	测量 PLC 的电源输入端子 L 与 N 之间的阻值		约为 TC 二次绕组的阻值		
6		测量电源输入端子 L 与公共端子 0V 之间的阻值		∞		
7		常态时，测量所用输入点 X 与公共端子 0V 之间的阻值		均约为几千欧至几十千欧		
8		逐一动作输入设备，测量其对应的输入点 X 与公共端子 0V 之间的阻值		均约为 0Ω		
9	检测 PLC 输出电路	分别测量输出点 Y0 与 COM1、Y1 与 COM1 之间的阻值		均为 TC 二次绕组与 KM 线圈的阻值之和		
10	检测完毕，断开 QF					

（5）系统通电，观察 PLC 的指示 LED　经自检，确认电路正确和无安全隐患后，在教师监护下，按照表 3-6，通电观察 PLC 的指示 LED 并做好记录。

表 3-6　指示 LED 工作情况记录表

步骤	操作内容	LED	正确结果	观察结果	备注
1	先插上电源插头，再合上断路器	POWER	点亮		已通电，注意安全
		所有 IN	均不亮		
2	RUN/STOP 开关拨至"RUN"位置	RUN	点亮		LED 点亮，说明 PLC 运行正常
3	RUN/STOP 开关拨至"STOP"位置	RUN	熄灭		
4	按下 SB1	IN1	点亮		LED 点亮，说明输入电路正常
5	按下 SB2	IN2	点亮		
6	按下 SB3	IN3	点亮		
7	⚠ 拉下断路器后，拔下电源插头	POWER	熄灭		已断电，做了吗？

2. 输入梯形图

启动 GX Developer 编程软件，输入如图 3-2 所示的系统梯形图，其步骤如下。

1）启动 GX Developer 编程软件。

2）创建新文件，选择 PLC 的类型为 FX_{3U}。

3）输入元件。

4）转换梯形图。

5）文件赋名为"项目3－1. pmw"后保存。

3. 通电调试、监控系统

（1）连接计算机与PLC 用SC－09编程线缆连接计算机COM1串行口与PLC的编程接口。

（2）写入程序

1）接通系统电源，将PLC的RUN/STOP开关拨至"STOP"位置。

2）进行端口设置后，将程序"项目3－1. pmw"写入PLC。

（3）调试系统 将PLC的RUN/STOP开关拨至"RUN"位置后，按照表3-7操作，观察系统的运行情况并做好记录。如出现故障，应立即切断电源、分析原因、检查电路或梯形图后重新调试，直至系统实现功能。

表3-7 系统运行情况记录表

操作步骤	操作内容	观察内容						备注
		指示LED		接触器		电动机		
		正确结果	观察结果	正确结果	观察结果	正确结果	观察结果	
1	按下SB1	OUT0 点亮		KM1 吸合		正转		
2	按下SB3	OUT0 熄灭		KM1 释放		停转		
3	按下SB2	OUT1 点亮		KM2 吸合		反转		
4	按下SB3	OUT1 熄灭		KM2 释放		停转		
5	按下SB1	OUT0 点亮		KM1 吸合		正转		
6	按下SB2	OUT0 点亮		KM1 吸合		正转		
		OUT1 不亮		KM2 不动作				
7	按下SB3	OUT0 熄灭		KM1 释放		停转		

（4）监控梯形图 GX Developer编程软件具有梯形图监控功能。进入梯形图监控状态，用户可清楚地看到元件的状态和动作情况。

1）进入梯形图监控状态。如图3-7所示，执行［在线］→［监视］→［监视开始］命令，进入梯形图监控状态。若梯形图中某触点显示蓝色底纹，说明该触点处于接通状态，反之为断开状态；若某线圈显示蓝色底纹，说明该线圈已动作，反之说明线圈未动作。如图3-8所示为梯形图监控窗口，此时动断触点X003、Y000和Y001处于接通状态。

图3-7 开始监控命令

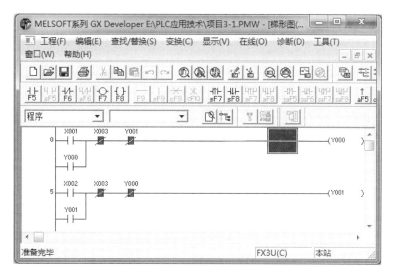

图 3-8　梯形图监控窗口

2）按下正向起动按钮 SB1，监控梯形图。如图 3-9 所示，按钮 SB1 后，对应的输入继电器 X001 动作，Y000 动作。同时，可以看到 Y000 动断触点已断开。

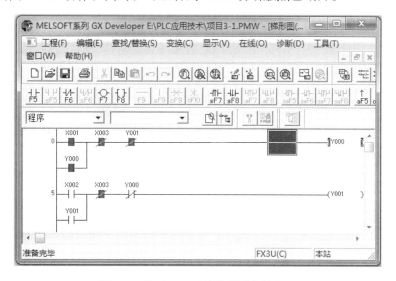

图 3-9　按下 SB1 时的梯形图监控窗口

3）松开正向起动按钮 SB1，监控梯形图。如图 3-10 所示，松开 SB1 后，输入继电器 X001 复位，而 Y000 动合触点保持接通状态，Y000 线圈保持动作状态，实现输出继电器自保持。

4）按下反向起动按钮 SB2，监控梯形图。如图 3-11 所示，按下 SB2 时，其对应的输入继电器 X002 动作，但由于 Y000 动断触点已断开，故线圈 Y001 不能接通，从而实现了软元件联锁。

5）按下停止按钮 SB3，监控软元件状态。

6）按下反向起动按钮 SB2，监控软元件状态。

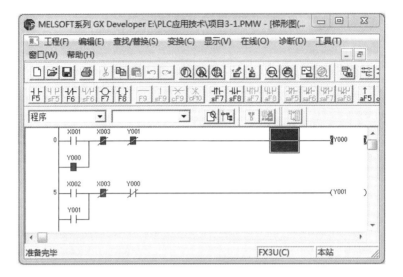

图 3-10　松开 SB1 后的梯形图监控窗口

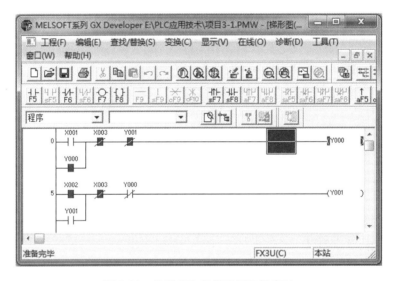

图 3-11　按下 SB2 的梯形图监控窗口

7）停止梯形图监控。如图 3-12 所示，执行［在线］→［监视］→［监视停止］命令，停止梯形图监控。

（5）分析运行结果

1）在程序控制下，PLC 根据输入状态做出运算判断，驱动 KM1 或 KM2 动作，实现电动机正反转控制。

2）软件中采用了 Y000 和 Y001 动断触点联锁。电动机正转（或反转）状态时，不能起动电动机反转（或正转），避免了三相电源出现短路事故，确保了系统安全。输出继电器联锁设计在同一设备的几种状态不能同时工作的场合中被广泛应用。

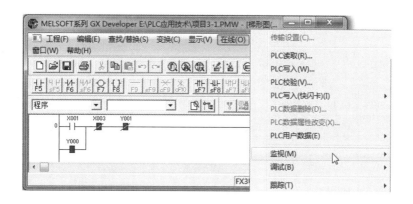

图 3-12　停止监视命令

4. 完善梯形图

文件"项目 3 - 1. pmw"执行时，正转与反转状态不能直接切换，切换时必须经过"停止"这一中间过程，因此有操作不便的缺点。解决的方法是采用正、反向起动的输入继电器动断触点联锁。如图 3-13 所示，X001 动断触点串联在 Y001 线圈回路中，X002 动断触点串联在 Y000 线圈回路中，两者联锁，完善了系统功能，其动作时序如图 3-14 所示。

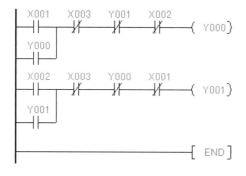

图 3-13　完善后的梯形图

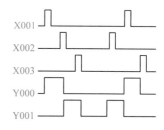

图 3-14　动作时序图

1）修改梯形图。在 Y001 动断触点后输入动断触点 X002，在 Y000 动断触点后输入动断触点 X001。

2）转换梯形图。

3）另存文件。将修改后的文件另存为"项目 3 - 2. pmw"。

4）写入程序。将 PLC 的 RUN/STOP 开关拨至"STOP"位置后，写入程序"项目 3 - 2. pmw"。

5）调试系统。将 PLC 的 RUN/STOP 开关拨至"RUN"位置，按表 3-8 调试程序。

表 3-8　系统运行情况记录表

操作步骤	操作内容	观察内容						备注
		指示 LED		接触器		电动机		
		正确结果	观察结果	正确结果	观察结果	正确结果	观察结果	
1	按下 SB1	OUT0 点亮		KM1 吸合		正转		
2	按下 SB2	OUT0 熄灭		KM1 释放		反转		
		OUT1 点亮		KM2 吸合				
3	按下 SB1	OUT1 熄灭		KM2 释放		正转		
		OUT0 点亮		KM1 吸合				
4	按下 SB3	OUT0 熄灭		KM1 释放		停转		

5. 学习指令

1）打开文件"项目 3 – 2. pmw"的指令表窗口，如图 3-15 所示。

2）阅读指令表。阅读如图 3-15 所示的指令表，各指令功能见表 3-9。

6. 操作要点

1）为了防止 KM1 和 KM2 同时吸合而导致三相电源短路，如图 3-4 所示，系统的硬件部分采用了接触器动断触头联锁。

2）输入梯形图过程中要及时转换、保存，避免由于掉电或编程错误而出现程序丢失现象。

3）同一设备的几种工作状态之间需要进行软元件联锁，以确保系统安全。

4）通电调试操作必须在教师的监护下进行。

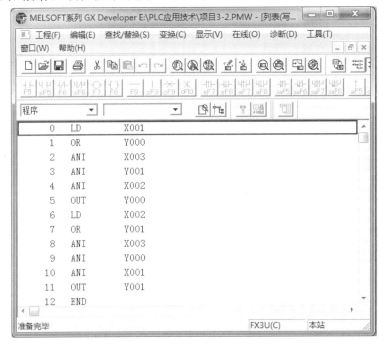

图 3-15　文件"项目 3 – 2. pmw"的指令表窗口

表 3-9　系统指令功能

程序步	指令	元件号	指令功能	备注
0	LD	X001	从母线上取用 X001 动合触点	
1	OR	Y000	并联 Y000 动合触点	
2	ANI	X003	串联 X003 动断触点	
3	ANI	Y001	串联 Y001 动断触点	
4	ANI	X002	串联 X002 动断触点	
5	OUT	Y000	驱动 Y000 线圈	
6	LD	X002	从母线上取用 X002 动合触点	
7	OR	Y001	并联 Y001 动合触点	
8	ANI	X003	串联 X003 动断触点	
9	ANI	Y000	串联 Y000 动断触点	
10	ANI	X001	串联 X001 动断触点	
11	OUT	Y001	驱动 Y001 线圈	
12	END		程序结束	

5）训练项目应在规定的时间内完成，同时做到安全操作和文明生产。

六、质量评价标准

项目质量考核要求及评分标准见表 3-10。

表 3-10　质量评价表

考核项目	考核要求	配分	评分标准	扣分	得分	备注
系统安装	1）会安装元件 2）按图完整、正确及规范接线 3）按照要求编号	30	1）元件松动每处扣2分，损坏一处扣4分 2）错、漏线每处扣2分 3）反圈、压皮、松动，每处扣2分 4）错、漏编号每处扣1分			
编程操作	1）会建立程序新文件 2）正确输入梯形图 3）正确保存文件 4）会传送程序 5）会转换梯形图	40	1）不能建立程序新文件或建立错误扣4分 2）输入梯形图错误一处扣2分 3）保存文件错误扣4分 4）传送程序错误扣4分 5）转换梯形图错误扣4分			
运行操作	1）操作运转系统，分析运行结果 2）会监控梯形图 3）编辑修改程序，完善梯形图	30	1）系统通电操作错误一步扣3分 2）分析运行结果错误一处扣2分 3）监控梯形图错误一处扣2分 4）编辑修改程序错误一处扣2分			
安全生产	自觉遵守安全文明生产规程		1）每违反一项规定扣3分 2）发生安全事故按0分处理 3）漏接接地线一处扣5分			
时间	4h		提前正确完成，每5min加5分 超过规定时间，每5min扣2分			
开始时间			结束时间		实际时间	

七、拓展与提高

拓展部分

安装 GX Developer 编程软件

GX Developer 编程软件的安装步骤如下：

1）打开 GX Developer 编程软件安装包，如图 3-16 所示。

2）双击图标"EnvMEL"，弹出如图 3-17 所示的"通用环境安装"窗口。

3）双击图标"SETUP. EXE"，弹出如图 3-18 所示的程序安装进程对话框。计算机准备完毕，会弹出"欢迎"对话框，如图 3-19 所示。

4）单击"欢迎"界面的［下一个］按钮，弹出"信息"对话框，如图 3-20 所示。

5）在"信息"对话框中单击［下一个］按钮，会显示程序安装进程，如图 3-21 所示。计算机准备完毕，会弹出"设置完成"对话框，如图 3-22 所示。

图 3-16　GX Developer 编程软件安装包窗口

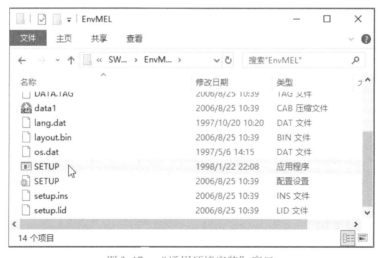

图 3-17　"通用环境安装"窗口

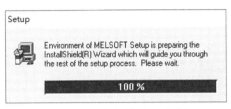

图 3-18 程序安装进程对话框

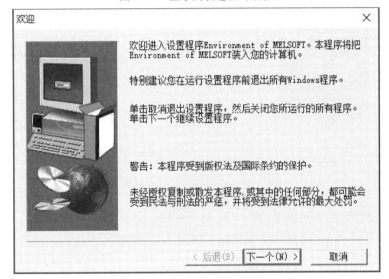

图 3-19 "欢迎"对话框

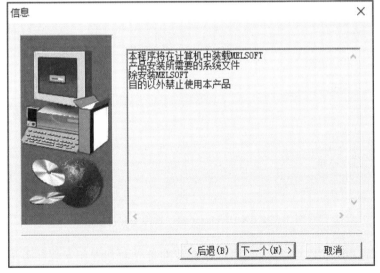

图 3-20 "信息"对话框

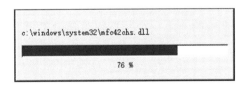

图 3-21 程序安装进程

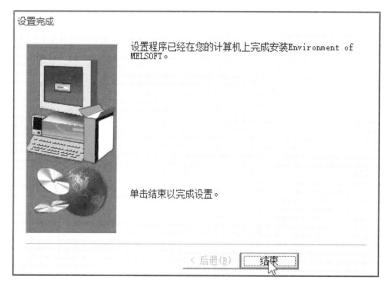

图 3-22　"设置完成"对话框

6）单击"设置完成"对话框中的［结束］按钮，完成通用环境安装。

7）打开 GX Developer 编程软件安装包，如图 3-23 所示。

图 3-23　GX Developer 编程软件安装包窗口

8）双击图标"SETUP.EXE"，弹出程序安装准备界面和程序安装准备进程对话框，如图 3-24 和图 3-25 所示。计算机准备完毕，会弹出"安装"对话框，如图 3-26 所示。

9）单击"安装"对话框中的［确定］按钮，弹出"欢迎"对话框，如图 3-27 所示。

10）单击"欢迎"对话框中的［下一个］按钮，弹出"用户信息"对话框，如图 3-28 所示。

图 3-24　程序安装准备界面

图 3-25　程序安装准备进程

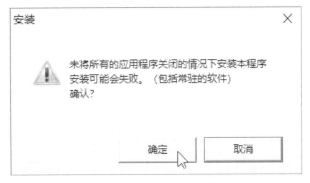

图 3-26　"安装"对话框

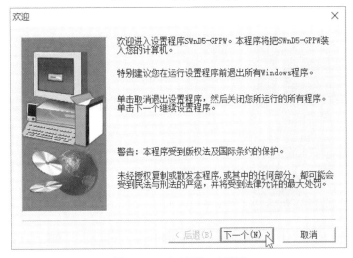

图 3-27　"欢迎"对话框

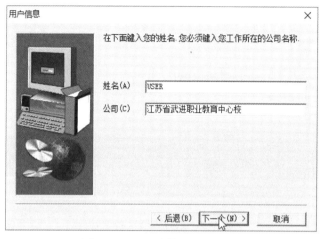

图 3-28 "用户信息"对话框

11）在"用户信息"对话框中填入相关信息后，单击［下一个］按钮，弹出"注册确认"对话框，如图 3-29 所示。

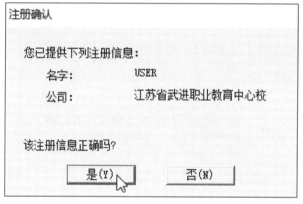

图 3-29 "注册确认"对话框

12）单击"注册确认"对话框中的［是（Y）］按钮，弹出"输入产品序列号"对话框，如图 3-30 所示。

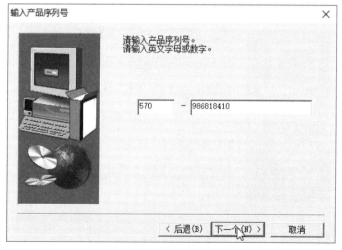

图 3-30 "输入产品序列号"对话框

13）在"输入产品序列号"对话框中填入相关信息后，单击［下一个］按钮，弹出"选择部件"对话框，选择相应部件后，单击［下一个］按钮，如图3-31所示。

14）单击"选择部件"对话框中的［下一个］按钮，弹出"选择目标位置"对话框，如图3-32所示。

15）单击"选择目标位置"中的［浏览］按钮，弹出"选择文件夹"对话框，如图3-33所示。

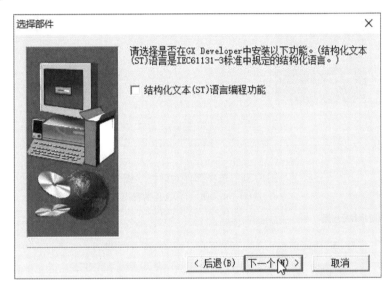

a)

b)

图 3-31 选择部件对话框

a）选择"结构化文本语言编程功能" b）选择"监视专用 GX Developer"

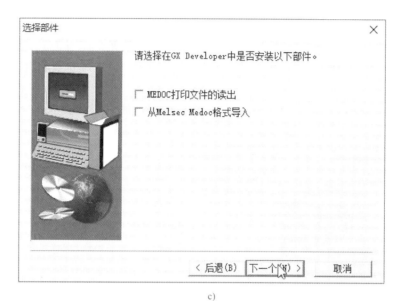

c)

图 3-31 选择部件对话框（续）

c）选择"MEDOC 打印文件的读出"

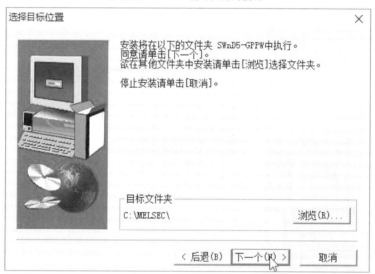

图 3-32 "选择目标位置"对话框

图 3-33 "选择文件夹"对话框

16）选择安装路径后，单击"选择文件夹"对话框中的［确定］按钮，计算机开始安装软件，屏幕显示如图3-34所示的软件安装进程。

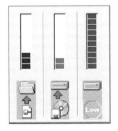

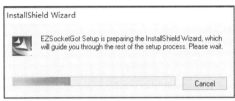

图3-34 安装进程

17）安装完成后计算机会弹出如图3-35所示的"信息"对话框，单击［确定］按钮后，完成软件安装的全部操作。

习题部分

1. 请写出如图3-36所示梯形图对应的指令表。

图3-35 安装完成"信息"对话框

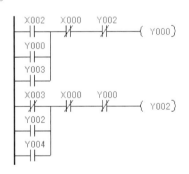

图3-36 题1图

2. 设计PLC控制的工作台自动往返系统。控制要求如下：

1）按下左移按钮SB1，工作台左移；按下右移按钮SB2，工作台右移；按下停止按钮SB3，系统停止工作。

2）如图3-37所示，工作台在位置A和位置B之间作往返运动，当工作台左移到位置A时，行程开关SQ1动作，工作台右移；右移至位置B时，行程开关SQ2动作，工作台左移。

3）为了防止 SQ1 和 SQ2 失灵，造成事故，系统采用 SQ3 和 SQ4 进行终端保护。挡铁碰撞到 SQ3 或 SQ4 时，系统停止工作。

4）具有必要的短路保护和过载保护。

图 3-37　题 2 图

项目四

水塔水位控制

▶ 一、学习目标

1）学会使用定时器和辅助继电器，能运用定时器构成振荡器。

2）会分析系统控制要求及分配 I/O 点，能正确识读水塔水位控制系统梯形图、线路图。

3）独立完成水塔水位控制系统的安装、调试与监控。

▶ 二、学习任务

1. 项目任务

本项目的任务是安装与调试水塔水位 PLC 控制系统。系统控制要求如下：

（1）进水控制　如图 4-1 所示，当水池水位低于低水位界（SL4 为 ON）时，电磁阀 YV 打开进水；当水位高于水池高水位界（SL3 为 ON）时，电磁阀 YV 关闭。

（2）进水及报警显示　进水阀打开时，指示灯 HL 点亮；如果电磁阀打开 4s 后，SL3 仍为 OFF，表示没有进水，出现故障，此时系统关闭电磁阀，指示灯 HL 按 0.5s 亮灭周期闪烁。

（3）抽水控制　当 SL4 为 OFF 且水塔水位低于低水位界（SL2 为 ON）时，电动机 M 起动运转，开始抽水；当水塔水位高于高水位界（SL1 为 ON）时，电动机 M 停止运行，抽水完毕。

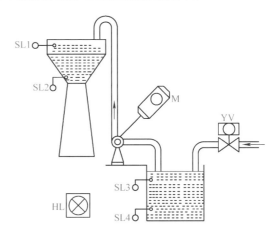

图 4-1　水塔水位控制示意图

（4）保护措施　系统具有必要的短路保护和过载保护。

2. 任务流程图

本项目的任务流程如图 4-2 所示。

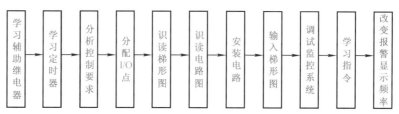

图 4-2　任务流程图

三、环境设备

学习所需工具、设备见表4-1。

表4-1　工具、设备清单

序号	分类	名称	型号规格	数量	单位	备注
1	工具	常用电工工具		1	套	
2		万用表	MF47	1	只	
3	设备	PLC	$FX_{3U}-48MR$	1	台	
4		小型三极断路器	DZ47-63	1	个	
5		控制变压器	BK100，380V/220V、24V	1	个	
6		三相电源插头	16A	1	个	
7		熔断器底座	RT18-32	7	个	
8		熔管	2A	4	只	
9			6A	3	只	
10		热继电器	NR4-63	1	个	
11		交流接触器	CJX1-12/22，220V	2	个	
12		按钮	LA38/203	2	个	
13		三相笼型异步电动机	380V，0.75kW，丫联结	1	台	
14		指示灯	24V	1	个	
15		端子板	TB-1512L	2	个	
16		安装铁板	600mm×700mm	1	块	
17		导轨	35mm	0.5	m	
18		走线槽	TC3025	若干	m	
19	消耗材料	铜导线	$BVR-1.5mm^2$	5	m	
20			$BVR-1.5mm^2$	2	m	双色
21			$BVR-1.0mm^2$	5	m	
22		紧固件	M4×20mm 螺钉	若干	只	
23			M4 螺母	若干	只	
24			$\phi4mm$ 垫圈	若干	只	
25		编码管	$\phi1.5mm$	若干	m	
26		编码笔	小号	1	支	

四、背景知识

简单分析水塔水位控制系统要求，系统除采集输入信号、驱动控制输出设备外，还需时间控制和更多的逻辑运算。就 PLC 而言，其本身就具备这种逻辑运算功能和相应的软元件，其中辅助继电器用作辅助运算，定时器用作时间控制。

1. 辅助继电器

辅助继电器的用途与继电器电路中的中间继电器相似，常用于中间状态的存储及信号类型的变换，用作程序辅助运算，例如通用型辅助继电器和掉电保持型辅助继电器。

（1）通用型辅助继电器

1）编号范围。三菱 FX_{3U} 系列 PLC 通用型辅助继电器的编号范围为 M0 ~ M499（500点），采用十进制编号。

2）符号。辅助继电器的符号如图 4-3 所示。与输出继电器一样，辅助继电器的线圈只能由程序驱动。编程时，其触点可以任意使用，但不能用它直接驱动输出设备。

图 4-3　辅助继电器的符号

3）应用举例。以图 4-4 为例，X000 动合触点接通，M5 动作且保持，Y000 动作。X001 动作，M5 失电复位，Y000 复位。一旦 PLC 掉电，通用型辅助继电器的状态复位。

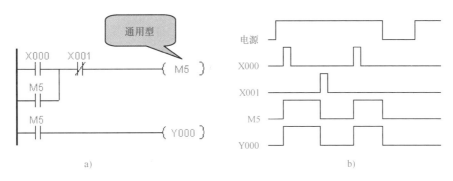

图 4-4　通用型辅助继电器的使用

a）应用梯形图　b）动作时序图

（2）掉电保持型辅助继电器　掉电保持型辅助继电器具有记忆功能，即 PLC 掉电时，它保存原有的状态；待恢复供电后，它继续保持掉电前的状态。

1）编号范围。三菱 FX_{3U} 系列 PLC 掉电保持型辅助继电器的编号范围为 M500 ~ M7679（7180 点），采用十进制编号。

2）应用举例。以图 4-5 为例，PLC 的电源正常时，掉电保持型辅助继电器 M500 与通用型辅助继电器的应用功能一样。不同的是，M500 具有掉电保持功能。如图 4-5b 动作时序所示，PLC 掉电后，M500 保存掉电前的动作状态，当 PLC 恢复供电后，M500 仍接通（无需重新起动 X001），继续驱动 Y000 动作。

2. 定时器

定时器相当于继电器电路中的时间继电器，在程序中主要用作时间控制。

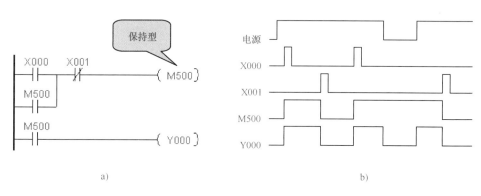

图 4-5 掉电保持型辅助继电器的使用

a) 应用梯形图 b) 动作时序图

（1）100ms 定时器

1）编号范围。三菱 FX_{3U} 系列 PLC 的 100ms 定时器编号范围为 T0 ~ T199（200 点），采用十进制编号。

2）符号。定时器的符号如图 4-6 所示。

3）定时时间的计算。定时时间 $t = 100ms \times K?$（K? 称为设定值），其中 K? 的设定范围为 0 ~ 32767。如设定值为 K20，则定时时间 $t = 100ms \times 20 = 2s$。

图 4-6 定时器的符号

4）应用举例。以图 4-7 为例，X000 接通，M0 动作且保持；T0 线圈接通，开始计时（定时时间 $t = 100ms \times 100 = 10s$）。定时 10s 后，T0 动作、Y000 动作。当 X001 动作时，M0、T0、Y000 均复位。

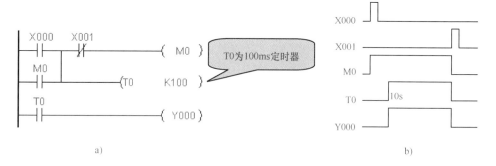

图 4-7 100ms 定时器的使用

a) 应用梯形图 b) 动作时序图

（2）10ms 定时器

1）编号范围。三菱 FX_{3U} 系列 PLC 的 10ms 定时器编号范围为 T200 ~ T245（46 点），采用十进制编号。

2）定时时间的计算。定时时间 $t = 10ms \times K?$（K? 为设定值），其中 K? 的设定范围为 0 ~ 32767。如设定值为 K20，则定时时间 $t = 10ms \times 20 = 0.2s$。

3）应用举例。以图 4-8 为例，X000 接通，M0 动作且保持，Y001 动作；T200 线圈接通，开始计时（定时时间 $t = 10\text{ms} \times 100 = 1\text{s}$）。定时 1s 后，T200 动作、Y000 动作、Y001 复位。X001 动作时，M0、T0、Y000 均复位。

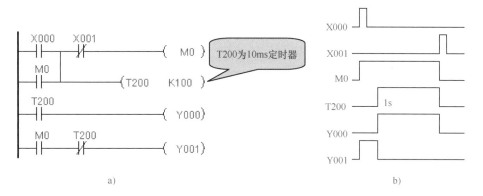

图 4-8 10ms 定时器的使用

a) 应用梯形图 b) 动作时序图

3. 分析控制要求，确定输入、输出设备

（1）分析控制要求 项目任务要求该系统具有水位控制功能，控制要求有三点：

1）进水控制。SL4 为 ON，YV 动作；SL3 为 ON，YV 释放复位。

2）进水及报警显示。YV 动作时，HL 点亮；当 YV 动作 4s、SL3 为 OFF 时，HL 按 0.5s 闪烁报警。

3）抽水控制。SL4 为 OFF、SL2 为 ON 时，M 起动运行；SL1 为 ON 时，M 停止运行。

（2）确定输入设备 根据上述分析，系统有 4 个输入信号：水塔高水位、水塔低水位、水池高水位、水池低水位检测信号。由此确定，系统的输入设备有 4 个检测水位的开关，PLC 需用 4 个输入点分别与它们的动合触头相连（过载保护通过硬件连接实现）。

（3）确定输出设备 系统由电磁阀 YV 控制进水、电动机 M 抽水、HL 指示灯报警显示。由此确定系统的输出设备有 1 只电磁阀、1 只接触器和 1 只指示灯，PLC 需用 3 个输出点分别驱动它们。

4. I/O 点分配

根据确定的输入/输出设备及输入输出点数分配 I/O 点，见表 4-2。

表 4-2 输入/输出设备及 I/O 点分配表

输入			输出		
元件代号	功能	输入点	元件代号	功能	输出点
SL1	水塔高水位界	X0	KM	控制电动机运转	Y0
SL2	水塔低水位界	X1	YV	电磁阀	Y1
SL3	水池高水位界	X2	HL	报警显示	Y4
SL4	水池低水位界	X3			

5. 系统梯形图

图 4-9 是水塔水位控制系统梯形图，其执行原理如下：

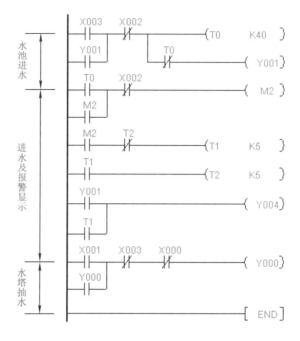

图4-9 水塔水位控制系统梯形图

1）水池进水及计时。当水池的水低于低水位界时，X003 为 ON，Y001 动作打开阀放水，T0 开始计时 4s。X002 为 ON 或 4s 后，Y001 复位停止放水。

2）进水及报警显示。M2 为报警显示的中间状态。4s 时间到且 SL3 不动作，X002 为 OFF，M2 动作，启动振荡报警程序。定时器 T1 和 T2 组成 0.5s 脉冲振荡器，其动作时序如图 4-10 所示。

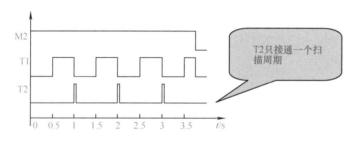

图4-10 振荡器的动作时序图

Y001 动作，Y002 动作，驱动 HL 显示正常进水；若出现故障，T1 以 0.5s 周期间断控制 Y002 接通与断开，HL 按 0.5s 闪烁报警。

3）水塔抽水。当 SL4 为 OFF 且水塔水位低于低水位界时，X001 为 ON，X003 为 OFF，Y000 动作抽水。X000 动作，Y000 复位，抽水完毕。

6. 系统线路图

（1）电路图 图 4-11 是水塔水位控制系统电路图，其电路组成及元件功能见表 4-3。

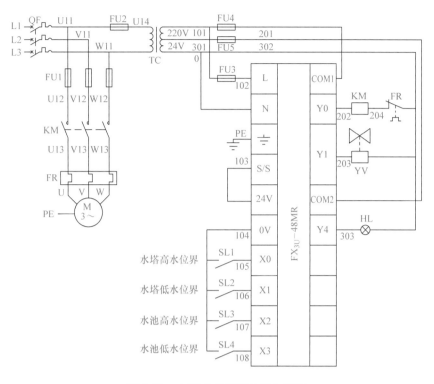

图 4-11　水塔水位控制系统电路图

表 4-3　电路组成及元件功能

序号	电路名称	电路组成	元件功能	备注
1	电源电路	QF	电源开关	
2		FU2	用作变压器短路保护	
3		TC	给 PLC 及 PLC 输出设备提供电源，有 220V 和 24V 两个电压等级	
4	主电路	FU1	用作主电路短路保护	
5		KM 主触头	控制抽水电动机的运转	
6		FR	热元件	
7		M	抽水电动机	
8	控制电路	PLC 输入电路	FU3	用作 PLC 电源电路短路保护	对于不同类型、不同等级的电源负载，不能共用 PLC 同一组输出点
9			SL1	水塔高水位界	
10			SL2	水塔低水位界	
11			SL3	水池高水位界	
12			SL4	水池低水位界	
13		PLC 输出电路	FU4	用作 PLC 输出电路短路保护	
14			FU5	用作 PLC 输出电路短路保护	
15			KM 线圈	控制 KM 的吸合与释放	
16			FR	过载保护	
17			YV	进水阀	
18			HL	报警显示	

（2）接线图 图4-12是水塔水位控制系统接线图，元件布置及布线情况见表4-4。

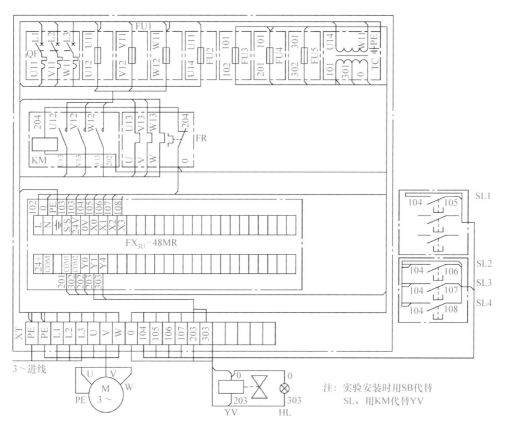

图4-12 水塔水位控制系统接线图

表4-4 元件布置及布线情况

序号	项目		具体内容	备注
1	元件布置	板上元件	QF、FU1、FU2、FU3、FU4、FU5、TC、KM、FR、PLC、XT	
2		外围元件	SL1、SL2、SL3、SL4、YV、HL、电动机M	
3	板上元件的布线	PLC 输入电路走线	0：TC→FR→PLC TC→XT	
4			101：TC→FU4→FU3	
5			102：FU3→PLC	
6			103：S/S→24V	
7			104～108：PLC→XT	
8		PLC 输出电路走线	201：FU4→PLC（COM1）	
9			202：PLC→KM	
10			203：PLC→XT	
11			204：FR→KM	

（续）

序号	项目		具体内容	备注
12	板上元件的布线	PLC 输出电路走线	301：TC→FU5	
13			302：FU5→PLC（COM2）	
14			303：PLC→XT	
15		主电路走线	L1、L2、L3：XT→QF	
16			U11：QF→FU1→FU2	
17			V 11：QF→FU1	
18			W 11：QF→FU1→TC	
19			U12、V12、W12：FU1→KM	
20			U13、V13、W13：KM→FR	
21			U14：FU2→TC	
22			U、V、W：FR→XT	
23	外围元件的布线	按钮线走线	104：XT→SL2→SL3→SL4→SL1	安装时，SL 可用 SB 代替
24			105 ~ 108：XT→SL1	
25		指示灯、进水阀走线	0：XT→YV→HL	安装时，YV 可用 KM 代替
26			203：XT→YV	
27			303：XT→HL	
28		电动机连接线走线	U、V、W：XT→M	
29		接地线走线	PE：XT→PLC XT→TC（板上） 电源→XT→电动机 M（外围）	

▶ 五、操作指导

1. 安装电路

（1）检查元器件 根据表 4-1 配齐元器件，检查元件的规格是否符合要求，检测元件的质量是否完好。

（2）固定元器件 按照图 4-12 所示接线图接线，并参考图 4-13 所示安装板固定元件。

（3）配线安装 根据配线原则及工艺要求，对照接线图 4-12 和表 4-4 进行配线安装。

1）板上元件的配线安装。

① 安装控制电路。先依次安装 PLC 输入电路的 0、101、102、103、104、105、106、107 和 108 号线，再依次安装 PLC 输出电路的 201、202、203、204、301、302 和 303 号线。

② 安装主电路。依次安装 PE、L1、L2、L3、U11、V11、W11、U12、V12、W12、U13、V13、W13、U14、U、V 和 W 号线。

2）外围设备的配线安装。

① 安装连接 SL（可用按钮代替）。依次连接按钮上的 104、105、106、107 和 108 号线，

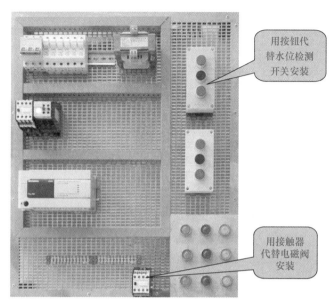

图 4-13　水塔水位控制系统安装板

再按导线编号与接线端子 XT 的下端对接。

　　② 安装连接指示灯、进水阀（进水阀可用交流接触器代替）。连接指示灯和进水阀上的 0、203 和 303 号线，再按导线编号与接线端子 XT 的下端对接。

　　③ 安装连接电动机。安装电动机，引出电源连接线及金属外壳的接地线，按照导线编号与接线端子 XT 的下端对接。

　　④ 连接三相电源插头线。

　　（4）自检

　　1）检查布线。对照线路图检查是否掉线、错线，是否漏编、错编，接线是否牢固等。

　　2）使用万用表检测。按表 4-5，使用万用表检测安装的电路，如测量阻值与正确阻值不符，应根据线路图检查是否有错线、掉线、错位、短路等。

表 4-5　万用表的检测过程

序号	检测任务	操作方法		正确阻值	测量阻值	备注
1	检测主电路	合上 QF，断开 FU2 后分别测量 XT 的 L1 与 L2、L2 与 L3、L3 与 L1 之间的阻值	常态时，不动作任何元件	均为 ∞		
2			压下 KM	均为电动机两相定子绕组的阻值之和		
3		接通 FU2 后，测量 XT 的 L1 和 L3 之间的阻值		TC 一次绕组的阻值		
4	检测 PLC 输入电路	测量 PLC 的电源输入端子 L 与 N 之间的阻值		均为 TC 二次绕组的阻值		220V 二次绕组
5		测量电源输入端子 L 与公共端子 0V 之间的阻值		∞		
6		常态时，测量所用输入点 X 与公共端子 0V 之间的阻值		均约为几千欧至几十千欧		
7		逐一动作输入设备，测量对应的输入点 X 与公共端子 0V 之间的阻值		均约为 0Ω		

（续）

序号	检测任务	操作方法	正确阻值	测量阻值	备注
8	检测 PLC 输出电路	测量输出点 Y0 与公共端子 COM1 之间的阻值	TC 二次绕组与 KM 线圈的阻值之和		220V 二次绕组
9		测量输出点 Y1 与公共端子 COM1 之间的阻值	TC 二次绕组与 YV 线圈的阻值之和		
10		测量输出点 Y4 与公共端子 COM2 之间的阻值	TC 二次绕组与 HL 的阻值之和		24V 二次绕组
11	检测完毕，断开 QF				

（5）系统通电，观察 PLC 的指示 LED　经自检，确认电路正确和无安全隐患后，在教师监护下，按表4-6，通电观察 PLC 的指示 LED 并做好记录。

表 4-6　指示 LED 工作情况记录表

步骤	操作内容	LED	正确结果	观察结果	备注
1	先插上电源插头，再合上断路器	POWER	点亮		已通电，注意安全
		所有 IN	均不亮		
2	RUN/STOP 开关拨至"RUN"位置	RUN	点亮		
3	RUN/STOP 开关拨至"STOP"位置	RUN	熄灭		
4	动作 SL1	IN0	点亮		
5	动作 SL2	IN1	点亮		
6	动作 SL3	IN2	点亮		
7	动作 SL4	IN3	点亮		
8	⚠ 拉下断路器后，拔下电源插头	POWER	熄灭		已断电，做了吗？

2. 输入梯形图

启动 GX Developer 编程软件，输入系统如图4-9所示梯形图。

（1）启动 GX Developer 编程软件。

（2）创建新文件，选择 PLC 的类型为 FX_{3U}。

（3）输入元件　按照项目二所学的方法输入元件，新元件的输入方法如下：

1）定时器线圈的输入。单击功能图窗口中的线圈按钮 ⧈F7，在弹出的对话框中输入"T0 ⎵⎵K40"后回车确认，如图4-14所示。

图 4-14　输入 T0 线圈的对话框

2）竖连线的输入。将光标移至竖连线处，单击功能图窗口中的竖连线按钮 ⧈sF9 即可完成，如图4-15所示。

（4）转换梯形图。

（5）保存文件　将文件赋名为"项目 4 - 1. pmw"后确认保存。

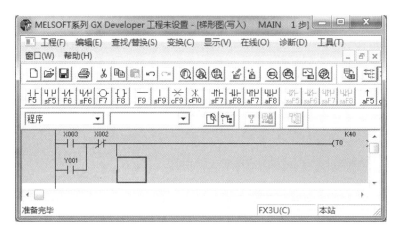

图 4-15 绘制竖连线后的窗口

3. 通电调试、监控系统

（1）连接计算机与 PLC 用 SC–09 编程线缆连接计算机 COM1 串行口与 PLC 的编程接口。

（2）写入程序

1）接通系统电源，将 PLC 的 RUN/STOP 开关拨至"STOP"位置。

2）进行端口设置后，将程序"项目 4–1. pmw"写入 PLC。

（3）调试系统 将 PLC 的 RUN/STOP 开关拨至"RUN"位置后，按表4-7 操作，观察系统的运行情况并做好记录。如出现故障，应立即切断电源、分析原因、检查电路或梯形图后重新调试，直至系统实现功能。

表 4-7 系统运行情况记录表

操作步骤	操作内容	观察内容				备注
		指示 LED		输出设备		
		正确结果	观察结果	正确结果	观察结果	
1	按下 SL4	OUT1 点亮		YV 得电		
		OUT4 点亮		HL 点亮		
2	在 4s 时间内，按下 SL3	OUT1 熄灭		YV 失电		
		OUT4 熄灭		HL 熄灭		
3	按下 SL4	OUT1 点亮		YV 得电		
		OUT4 点亮		HL 点亮		
4	4s 后	OUT1 熄灭		YV 失电		
		OUT4 以 0.5s 闪烁		HL 以 0.5s 闪烁		
5	按下 SL3	OUT4 熄灭		HL 熄灭		
6	按下 SL2	OUT0 点亮		KM 吸合，M 运转		
7	按下 SL1	OUT0 熄灭		KM 释放，M 停转		

（4）监控梯形图

1）进入梯形图监控状态。执行［在线］→［监视］→［监视开始］命令，进入梯形图监控状态。如图4-16所示，在定时器线圈的下方显示蓝色的数值"0"，此值为定时器的当前值。

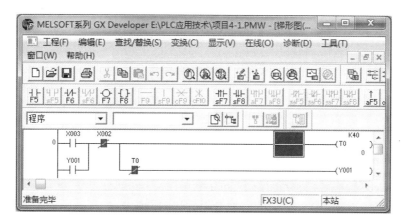

图4-16　打开的梯形图监视窗口

2）动作 SL4，观察 T0 当前值的变化。按下 SL4 后，T0 开始计时，其当前值由 0 开始递增。如图4-17所示，T0 的当前值为"21"。

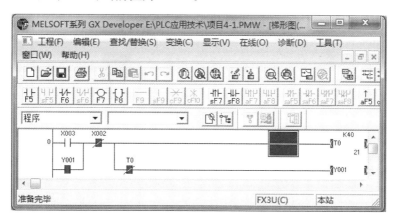

图4-17　T0 当前值为21时的监视窗口

3）监控振荡器。4s 后，M2 动作且保持，振荡器开始工作，T1 以 0.5s 为周期间断接通和断开。图4-18所示为前半周期 0~0.5s 的振荡器状态，图4-19所示为后半周期 0.5~1s 的振荡器状态。

4）动作 SL3，停止报警显示。

5）按表4-7重新操作，监控梯形图。

6）停止梯形图监控。执行［在线］→［监视］→［监视停止］命令，退出梯形图监控状态。

（5）运行结果分析

1）定时器具有定时功能。定时器线圈接通后，其当前值从 0 开始递增；当其当前值等于设定值时，其触点动作，起到定时控制作用。一旦定时器线圈断开，其当前值复位为0，由于当前值不等于设定值，所以其触点复位，停止动作。

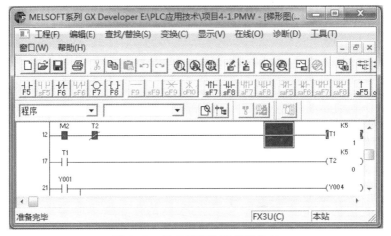

图4-18 前半周期的振荡器状态

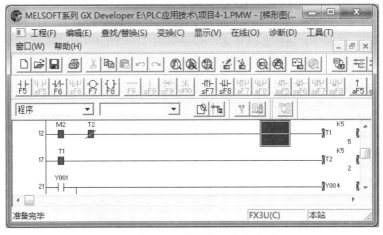

图4-19 后半周期的振荡器状态

2）两个定时器可以组成振荡器，产生脉冲输出。改变定时器的设定常数，就可改变振荡频率。振荡器通常用于闪烁、报警电路，在PLC控制的工程问题中，还可以用于移位寄存器的移位脉冲输入及其他场合。

4. 学习指令

打开指令表窗口后，阅读指令表，各指令功能见表4-8。

表4-8 系统指令功能

程序步	指令	元件号	指令功能	备注
0	LD	X003	从母线上取用X003动合触点	
1	OR	Y001	并联动合触点Y001	
2	ANI	X002	串联X002动断触点	
3	OUT	T0 K40	驱动T0线圈，设置设定值	3步

（续）

程序步	指令	元件号	指令功能	备注
6	ANI	T0	串联 T0 动断触点	
7	OUT	Y001	驱动 Y001 线圈	
8	LD	T0	从母线上取用 T0 动合触点	
9	OR	M2	并联 M2 动合触点	
10	ANI	X002	串联 X002 动断触点	
11	OUT	M2	驱动 M2 线圈	
12	LD	M2	从母线上取用 M2 动合触点	
13	ANI	T2	串联 T2 动断触点	
14	OUT	T1　K5	驱动 T1 线圈，设置设定值	3 步
17	LD	T1	从母线上取用 T1 动合触点	
18	OUT	T2　K5	驱动 T2 线圈，设置设定值	3 步
21	LD	Y001	从母线上取用 Y001 动合触点	
22	OR	T1	并联 T1 动合触点	
23	OUT	Y004	驱动 Y004 线圈	
24	LD	X001	从母线上取用 X001 动合触点	
25	OR	Y000	并联 Y000 动合触点	
26	ANI	X003	串联 X003 动断触点	
27	ANI	X000	串联 X000 动断触点	
28	OUT	Y000	驱动 Y000 线圈	
29	END		结束指令	

5. 改变报警显示频率

改变振荡器的振荡频率，实现报警显示 HL 以点亮 2s、熄灭 1s 的周期闪烁。

1）打开文件"项目 4 - 1. pmw"的梯形图，将梯形图中的定时器 T1 的设定值修改为 K20，定时器 T2 的设定值修改为 K10。

2）转换梯形图后，将文件赋名为"项目 4 - 2. pmw"确认另存。

3）将程序"项目 4 - 2. pmw"写入 PLC，运行、监控系统，观察报警显示频率。

6. 操作要点

1）PLC 使用时，不同电源类别或等级的负载不能共用同一组输出端。

2）由于 T2 的动作时间只有一个扫描周期，时间非常短，所以监控不到 T2 动断触点的断开状态。

3）改变振荡器 T1 和 T2 的设定值，可以得到不同频率的脉冲输出。

4）通电调试操作必须在教师的监护下进行。

5）训练项目应在规定的时间内完成，同时做到安全操作和文明生产。

▶ 六、质量评价标准

项目质量考核要求及评分标准见表4-9。

表 4-9　质量评价表

考核项目	考核要求	配分	评分标准	扣分	得分	备注
系统安装	1）会安装元件 2）按图完整、正确及规范接线 3）按照要求编号	30	1）元件松动每处扣2分，损坏一处扣4分 2）错、漏线每处扣2分 3）反圈、压皮、松动每处扣2分 4）错、漏编号每处扣1分			
编程操作	1）会建立程序新文件 2）正确输入梯形图 3）正确保存文件 4）会传送程序 5）会转换梯形图	40	1）不能建立程序新文件或建立错误扣4分 2）输入梯形图错误，一处扣2分 3）保存文件错误扣4分 4）传送程序错误扣4分 5）转换梯形图错误扣4分			
运行操作	1）操作运行系统，分析操作结果 2）正确监控梯形图 3）修改振荡器频率正确	30	1）系统通电操作错误一步扣3分 2）分析操作结果错误一处扣2分 3）监控梯形图错误一处扣2分 4）修改振荡器频率错误扣5分			
安全生产	自觉遵守安全文明生产规程		1）每违反一项规定扣3分 2）发生安全事故按0分处理 3）漏接接地线一处扣5分			
时间	3h		提前正确完成，每5min加2分 超过规定时间，每5min扣2分			
开始时间		结束时间		实际时间		

七、拓展与提高

拓展部分

1. 用 FX－20P－E 型手持编程器写入系统指令表

如图 4-20 所示为编程器与 PLC 的连接图，FX－20P－CAP 型线缆的一端插入编程器右侧面上方的插座，另一端插入 PLC 的编程接口。

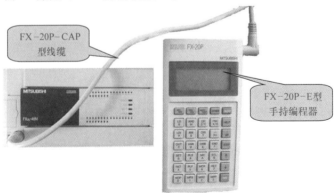

图 4-20　编程器与 PLC 的连接图

（1）FX－20P－E 型编程器的面板组成　如图 4-21 所示，FX－20P－E 型编程器的面板由两部分组成，一部分为液晶显示屏，一部分为 35 个按键，其中最上面一行和最右边一列的按键为 11 个功能键，其余部分是指令键和数字键。

1）显示屏。如图 4-22 所示，显示屏显示有 4 行文字，第一行第一列的字符代表编程器的操作方式，其含义见表 4-10。

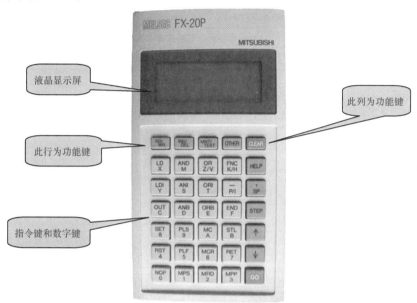

图 4-21　FX－20P－E 型编程器

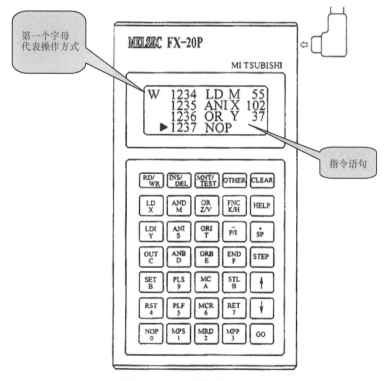

图 4-22　编程器面板示意图

表4-10　编程器的操作方式

序号	字符	操作方式
1	R	读出用户程序
2	W	写入用户程序
3	I	将编制的程序插入到光标"▶"所指的指令之前
4	D	删除光标"▶"所指的指令
5	M	表示编程器处于监控状态
6	T	表示编程器处于测试状态

2）功能键。FX – 20P – E 型编程器各功能键的功能见表4-11。

表4-11　FX – 20P – E 型编程器功能键功能

序号	功能键	功能	
1	RD/WR	读/写键	3 个都是双功能键，按一次为前者功能，按两次为后者功能
2	INS/DEL	插入/删除键	
3	MNT/TEST	监视/测试键	
4	OTHER	其他键：按下它，立即进入工作方式选择界面	
5	CLEAR	消除键：取消 GO 键以前的输入，还可消除屏幕上的错误信息或恢复原来的画面	
6	HELP	帮助键：按下功能键后，再按 HELP 键，编程器进入帮助模式	
7	SP	空格键：输入空格，在监控模式下，若要监视位元件，则先按下 SP，再输入该位元件	
8	STEP	步序键：若要显示某步指令，先按住 STEP，再输入指令步	
9	↑、↓	光标键：移动光标"▶"及提示符	
10	GO	执行键：用于指令的确认、执行、显示画面和检索	

3）数字键。数字键都是双功能键，键的上部分是指令助记符，下部分是数字或软元件的符号，反复按键时，自动切换。

（2）PLC 上电，写入程序

1）清零。在写入程序之前，一般将 PLC 内部存储器中的程序全部清除（简称清零），清零步骤如图4-23所示。

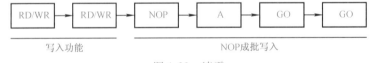

图4-23　清零

2）写入指令。系统指令表4-8的写入步骤见表4-12。

表4-12　系统指令表写入步骤

程序步	指令	元件号	指令写入
0	LD	X003	W ▶ → LD → X → 3 → GO
1	OR	Y001	▶ → OR → Y → 1 → GO

（续）

程序步	指令	元件号	指令写入
2	ANI	X002	▶ → ANI → X → 2 → GO
3	OUT	T0 K40	▶ → OUT → T → 0 → ·SP → K → 2 → 0 → GO
6	ANI	T0	方法同步 2
7	OUT	Y001	▶ → OUT → Y → 1 → GO
8~28 步		方法同上	
29	END		▶ → END → GO

2. 延时接通、延时断开程序

如图 4-24 所示为延时接通、延时断开程序。当 X000 = ON 时，定时器 T1 开始计时 5s，时间到，Y001 动作且保持；当 X000 = OFF 时，T2 开始计时 5s，时间到，Y001 复位，T2复位。

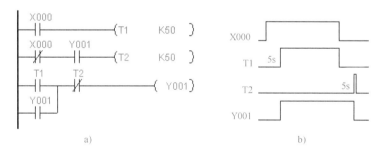

图 4-24　延时接通、延时断开程序
a）梯形图　b）动作时序图

3. 定时器延时扩展

每个定时器设定值的设定范围是 0 ~ 32767，显然长时间定时用一个定时器无法实现。此时可采用如图 4-25 所示程序进行定时器延时扩展。图中 X000 = ON 时，M0 动作且保持，T0 线圈接通开始计时 30s；时间到，T0 动作，T1 线圈接通开始计时 20s，时间到，T1 动作，T2 线圈接通开始计时 40s，时间到，T2 动作，Y000 动作且保持，M0、T0、T1 和 T2 均复位。当 X001 = ON 时，Y000 复位。

习题部分

1. 设计两台电动机顺序起动，同时停止的控制系统。设计要求如下：

（1）按下起动按钮 SB1，电动机 M1 起动，20s 后，电动机 M2 起动。

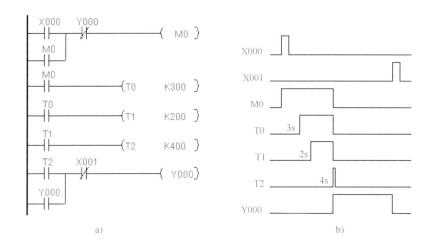

图 4-25 定时器延时扩展

a）梯形图 b）动作时序图

（2）按下停止按钮 SB2，两台电动机均停止运转。

（3）具有必要的短路和过载保护。

2. 设计电动机顺序起动控制系统，控制要求如下：

某机床进行工作时，必须先起动油泵电动机使润滑系统有足够的润滑油，10s 后起动主电动机工作，再过 4s 后起动辅助电动机。

3. 设计送料小车自动控制系统，控制要求如下：

送料小车起动后，小车左行，在限位开关 SQ1 处暂停装料，10s 后装料结束，开始右行，小车右行至限位开关 SQ2 处，暂停卸料，15s 后卸料结束，小车左行再装料，如此循环工作。

4. 设计三组抢答器控制程序。设计要求如下：

某抢答比赛，共分儿童、学生和教授三组，儿童组和教授组均有二人参赛，学生组一人。主持人宣布开始后方开始抢答，为给儿童组一些优待，儿童组中任何一人抢先按下抢答按钮即可获得抢得权，而教授组则需两人均抢先按下抢答按钮才能获得抢答权。获得抢答权及犯规由各分台指示灯指示，有人抢答时幸运彩球转动，犯规时发出警报，分台灯以 1s 周期闪烁。主持人台设有复位按钮，用于系统复位。

项目五

自动送料装车控制

一、学习目标

1）掌握 MC、MCR、SET、RST、PLS 及 PLF 指令的使用方法。

2）会分析系统控制要求及分配 I/O 点，能正确识读自动送料装车控制系统的梯形图、线路图。

3）独立完成自动送料装车控制系统的安装、调试与监控。

二、学习任务

1. 项目任务

本项目的任务是安装与调试自动送料装车 PLC 控制系统。系统如图 5-1 所示，其控制要求如下：

（1）初始状态 红灯 HL1 灭，绿灯 HL2 亮（表示允许汽车进入车位装料）。进料阀、出料阀、电动机 M1、M2、M3 皆为 OFF。

（2）进料控制 料斗中的料不满时，检测开关 S 为 OFF，5s 后进料阀打开进料；当料满时，检测开关 S 为 ON，关闭进料阀停止进料。

（3）装车控制

1）当汽车到达装车位置时，SQ1 为 ON，红灯 HL1 亮，绿灯 HL2 灭。同时起动传送带电动机 M3，2s 后起动 M2，再经 2s 后起动 M1，再过 2s 后打开料斗出料阀，开始装料。

2）当汽车装满料时，SQ2 为 ON，先关闭出料阀，2s 后 M1 停

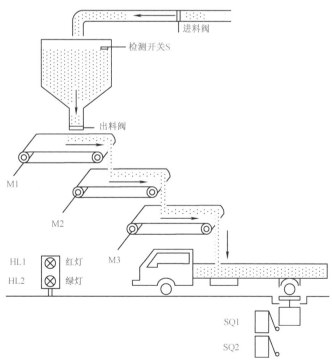

图 5-1　自动送料装车控制示意图

转，再过 2s 后 M2 停转，又过 2s 后 M3 停转，红灯 HL1 灭，绿灯 HL2 亮。装车完毕，汽车可以开走。

（4）起停控制 按下起动按钮 SB1，系统起动；按下停止按钮 SB2，系统停止运行。

（5）保护措施 系统具有必要的电气保护环节。

2. 任务流程图

本项目的任务流程如图 5-2 所示。

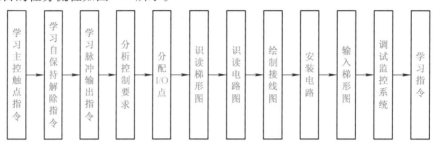

图 5-2 任务流程图

三、环境设备

学习所需工具、设备见表 5-1。

表 5-1 工具、设备清单

序号	分类	名称	型号规格	数量	单位	备注
1	工具	常用电工工具		1	套	
2		万用表	MF47	1	只	
3		PLC	FX$_{3U}$-48MR	1	台	
4		小型三极断路器	DZ47-63	1	个	
5		控制变压器	BK100，380V/220V、24V	1	个	
6		三相电源插头	16A	1	个	
7		熔断器底座	RT18-32	13	个	
8		熔体	2A	4	只	
9			6A	9	只	
10	设备	交流接触器	CJX1-12/22，220V	5	个	
11		行程开关	YBLX-K1/311	2	个	
12		按钮	LA38/203	1	个	
13		三相笼型异步电动机	380V，0.75kW，丫联结	3	台	
14		指示灯	24V	2	只	
15		端子板	TB-1512L	2	个	
16		安装铁板	600mm×700mm	1	块	
17		导轨	35mm	0.5	m	
18		走线槽	TC3025	若干	m	

（续）

序号	分类	名称	型号规格	数量	单位	备注
19	消耗材料	铜导线	BVR - 1.5mm²	5	m	
20			BVR - 1.5mm²	2	m	双色
21			BVR - 1.0mm²	5	m	
22		紧固件	M4 × 20mm 螺钉	若干	只	
23			M4 螺母	若干	只	
24			φ4mm 垫圈	若干	只	
25		编码管	φ1.5mm	若干	m	
26		编码笔	小号	1	支	

▶ 四、背景知识

项目任务提出，只有在系统起动后，装置才进入自动送料、装车等工序。这样，在编程时就可能出现多个线圈受一个触点控制的情况，若在每一个线圈回路中都串入该触点，将会多占用存贮空间，使用 PLC 的主控触点指令可以解决这一问题。另外在本系统控制程序设计时，还会用到脉冲输出指令、自保持及解除指令。

1. 主控触点指令（MC/MCR）

（1）指令及其功能 主控触点指令功能及电路表示见表5-2。

表5-2 指令功能及电路表示

助记符、名称	功能	电路表示和可用软元件	程序步
MC 主控	公共串联触点的连接	┤├─┤MC N Y,M┤ M除特殊辅助继电器外	3
MCR 主控复位	公共串联触点的清除	┤├─┤MCR N┤	2

（2）应用举例 如图5-3所示，X000 为 OFF 时，主控指令的执行条件不成立，PLC 不执行 MC 与 MCR 之间的程序，即使 X001（X002）为 ON，Y000（Y001）线圈也不接通。

X000 为 ON 时，主控指令的执行条件成立，PLC 执行 MC 与 MCR 之间的程序，若 X001（X002）为 ON，Y000（Y001）动作。

当 X000 为 OFF 时，主控指令的执行条件不成立，PLC 停止执行 MC 与 MCR 之间的程序，Y000 和 Y001 均复位。

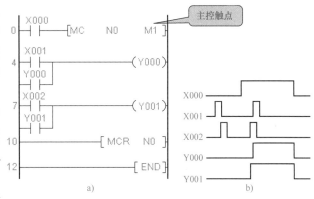

图 5-3 主控触点指令的应用举例

a）梯形图 b）动作时序图

由此可见，主控触点指令相当于开关的起停，主控指令的执行条件成立时，PLC 执行

MC 与 MCR 之间的程序；执行条件不成立时，PLC 不执行 MC 与 MCR 之间的程序，且程序中的元件都复位（计算定时器、计数器和 SET 驱动的元件除外）。

2. 自保持及解除指令（SET/RST）

（1）指令及其功能　自保持及解除指令功能及电路表示见表 5-3。

表 5-3　指令功能及电路表示

助记符、名称	功能	电路表示和可用软元件	程序步	
SET 置位	动作保持	┤├──[SET　Y, M, S]	Y, M: S, 特殊M:	1 2
RST 复位	解除动作保持 复位、清零	┤├──[RST　Y, M, S, T, C, D, V, Z]	T, C: D, V, Z, 特殊M:	2 2

（2）应用举例　如图 5-4 所示，X000 为 ON 时，Y000 置"1"且保持 ON 的状态。当 X001 为 ON 时，Y000 复位，Y001 置"1"且保持 ON 的状态。当 X002 为 ON 时，Y001 复位为 OFF 状态。

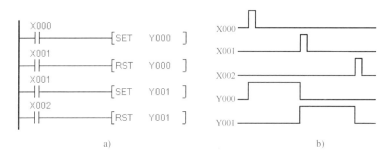

图 5-4　自保持和解除指令的应用举例
a）梯形图　b）动作时序图

3. 脉冲输出指令（PLS/PLF）

（1）指令及其功能　脉冲输出指令功能及电路表示见表 5-4。

表 5-4　指令功能及电路表示

助记符、名称	功能	电路表示和可用软元件		程序步
PLS 上升沿脉冲	上升沿微分输出	┤├──[PLS　Y, M]	特殊的 M 除外	1
PLF 下降沿脉冲	下降沿微分输出	┤├──[PLF　Y, M]		1

（2）应用举例　如图 5-5 所示，当 X000 为 ON 时，PLC 执行 PLS 指令，M0 仅在其上升沿接通一个扫描周期。当 X001 为 ON 时，执行 PLF 指令，M1 仅在其下降沿接通一个扫描周期。

4. 分析控制要求，确定输入输出设备

（1）分析控制要求　系统控制具体要求有以下四点：

1）起动与停止。按下 SB1，系统工作；按下 SB2，系统停止，即所有程序的执行受 SB1

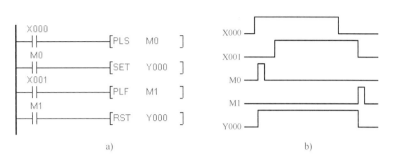

图 5-5　脉冲输出指令的应用举例

a）梯形图　b）动作时序图

和 SB2 控制。

2）初始状态。HL1 灭、HL2 亮，进料阀、出料阀、电动机 M1、电动机 M2、电动机 M3 皆为 OFF。

3）进料控制。检测开关 S 为 OFF 时，5s 后进料阀打开进料；当料满时，S 为 ON，关闭进料阀停止进料。

4）装车控制。SQ1 为 ON 时，红灯 HL1 亮、绿灯 HL2 灭。同时起动 M3，2s 后起动 M2，再经 2s 后起动 M1，又过 2s 后打开出料阀。当 SQ2 为 ON 时，先关闭出料阀，2s 后停止 M1，再过 2s 后停止 M2，又过 2s 后停止 M3，红灯 HL1 灭，绿灯 HL2 亮。

（2）确定输入设备　根据上述分析，系统有 5 个输入信号：起动、停止、车到位、车装满和料斗中的料满检测信号。由此确定，系统的输入设备有 2 只按钮、2 只行程开关和 1 只料满检测开关，PLC 需用 5 个输入点分别连接它们的动合触头。

（3）确定输出设备　系统由进料阀控制进料，出料阀控制料斗出料，电动机 M1、M2、M3 运转传送料；红灯 HL1 和绿灯 HL2 显示可以装车与正在装车。由此确定系统的输出设备有 2 只电磁阀、3 只接触器和 2 只指示灯，PLC 需要 7 个输出点分别驱动它们。

5. I/O 点分配

PLC 使用时，不同类别或电源等级的负载不可共用同一组输出端。依据此原则，综合上述分析，查阅 PLC 使用手册，分配 I/O 点见表 5-5。

表 5-5　输入/输出设备及 I/O 点分配表

输入			输出		
元件代号	功能	输入点	元件代号	功能	输出点
SB1	系统起动	X0	KM1	控制电动机 M1	Y0
SB2	系统停止	X1	KM2	控制电动机 M2	Y1
S	检测料斗中的料是否已满	X2	KM3	控制电动机 M3	Y2
SQ1	车到位	X3	YV1	控制料斗进料	Y4
SQ2	车装满	X4	YV2	控制料斗出料	Y5
			HL1	红灯	Y10
			HL2	绿灯	Y11

6. 系统梯形图

如图 5-6 所示为自动送料装车控制系统梯形图，其执行原理如下：

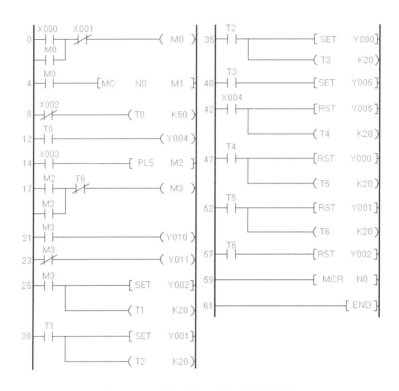

图 5-6　自动送料装车控制系统梯形图

（1）起动与停止　按下起动按钮，X000 动作，M0 动作且保持，MC 指令的执行条件成立，PLC 执行 MC 与 MCR 之间的程序，系统起动。按下停止按钮，X001 动作，M0 复位，MC 指令的执行条件不成立，PLC 停止执行 MC 与 MCR 之间的程序，系统停止工作。

（2）进料控制　当料斗中的料不满时，检测开关 S 为 OFF，X002 不动作，T0 开始计时，5s 时间到，Y004 动作打开进料阀进料；当料斗中的料满时，X002 动作，T0 和 Y004 复位，关闭进料阀。

（3）装车控制

1）汽车到位时，SQ1 动作，X003 为 ON，在其上升沿 M2 接通一个扫描周期，激活中间变量 M3，进入装车状态，Y010 动作红灯亮、Y011 复位绿灯熄灭；同时 Y002 置位，电动机 M3 运行；2s 后 Y001 置位，电动机 M2 运行；再经 2s 时间 Y000 置位，电动机 M1 运行；又经 2s 时间 Y005 置位，打开出料阀，开始装料。

2）汽车料装满时，SQ2 动作，X004 为 ON，Y005 复位，关闭出料阀，2s 后 Y000 复位 M1 停止运行，再过 2s 后 Y001 复位 M2 停止运行，又过 2s 后 Y002 复位电动机 M3 停止运行，装车状态结束，Y010 复位红灯熄灭、Y011 动作绿灯亮。

7. 系统电路图

如图 5-7 所示为自动送料装车控制系统电路图，其电路组成及元件功能见表 5-6。

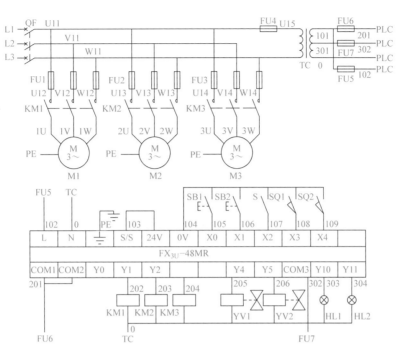

图 5-7　自动送料装车控制系统电路图

表 5-6　电路组成及元件功能

序号	电路名称	电路组成	元件功能	备注
1	电源电路	QF	电源开关	
2		FU4	用作变压器短路保护	
3		TC	给 PLC 及 PLC 输出设备提供电源，有 220V 和 24V 两个电压等级	
4	主电路	FU1、FU2、FU3	分别用作三台电动机的电源短路保护	
5		KM1 主触头	控制电动机 M1 的运行	
6		KM2 主触头	控制电动机 M2 的运行	
7		KM3 主触头	控制电动机 M3 的运行	
8		M1、M2、M3	传送带上的三台电动机	
9	控制电路	PLC 输入电路	FU5	用作 PLC 电源电路短路保护	
10			SB1	系统起动	
11			SB2	系统停止	
12			S	检测料斗中的料是否装满	
13			SQ1	车到位	
14			SQ2	车中的料装满	
15		PLC 输出电路	FU6、FU7	用作 PLC 输出电路短路保护	
16			KM1 线圈	控制 KM1 的吸合与释放	
17			KM2 线圈	控制 KM2 的吸合与释放	
18			KM3 线圈	控制 KM3 的吸合与释放	
19			YV1	控制进料	
20			YV2	控制出料	
21			HL1	红灯	
22			HL2	绿灯	

五、操作指导

1. 绘制接线图

根据电路图5-7绘制接线图，参考接线图如图5-8所示。

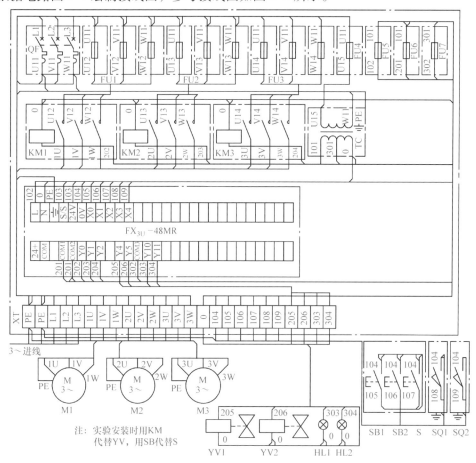

图5-8　自动送料装车控制系统参考接线图

2. 安装电路

（1）检查元器件　根据表5-1配齐元器件，检查元件的规格是否符合要求，检测元件的质量是否完好。

（2）固定元器件　按照绘制的接线图，参考如图5-9所示安装板固定元件。

（3）配线安装　根据配线原则及工艺要求，对照绘制的接线图进行配线安装。

1）板上元件的配线安装。

2）外围设备的配线安装。

（4）自检

1）检查布线。对照线路图检查是否掉线、错线，是否漏编、错编，接线是否牢固等。

2）用万用表检测。按表5-7，使用万用表检测安装的电路，如测量阻值与正确阻值不符，应根据接线图检查是否有错线、掉线、错位、短路等。

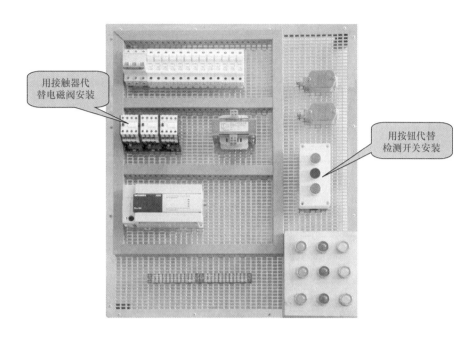

用接触器代替电磁阀安装

用按钮代替检测开关安装

图 5-9　自动送料装车控制系统安装板

表 5-7　万用表的检测过程

序号	检测任务	操作方法		正确阻值	测量阻值	备注
1	检测主电路	合上 QF，断开 FU4 后分别测量 XT 的 L1 与 L2、L2 与 L3、L3 与 L1 之间的阻值	常态时，不动作任何元件	均为∞		
2			压下 KM1	电动机 M1 两相定子绕组的阻值之和		
3			压下 KM2	电动机 M2 两相定子绕组的阻值之和		
4			压下 KM3	电动机 M3 两相定子绕组的阻值之和		
5		接通 FU4 后，测量 XT 的 L1 和 L3 之间的阻值		TC 一次绕组的阻值		
6	检测 PLC 输入电路	测量 PLC 的电源输入端子 L 与 N 之间的阻值		约为 TC 二次绕组的阻值		220V 二次绕组
7		测量电源输入端子 L 与公共端子 0V 之间的阻值		∞		
8		常态时，测量所用输入点 X 与公共端子 0V 之间的阻值		均约为几千欧至几十千欧		
9		逐一动作输入设备，测量其对应的输入点 X 与公共端子 0V 之间的阻值		均约为 0Ω		

(续)

序号	检测任务	操作方法	正确阻值	测量阻值	备注
10	检测 PLC 输出电路	分别测量 Y0 与 COM1、Y1 与 COM1、Y2 与 COM1 之间的阻值	均为 TC 二次绕组与 KM 线圈的阻值之和		220V 二次绕组
11		分别测量 Y4、Y5 与 COM2 之间的阻值	均为 TC 二次绕组与 YV 线圈的阻值之和		
12		分别测量 Y10、Y11 与 COM3 之间的阻值	均为 TC 二次绕组与 HL 的阻值之和		24V 二次绕组
13	检测完毕，断开 QF				

（5）通电观察 PLC 的指示 LED 经自检，确认电路正确和无安全隐患后，在教师监护下，按照表 5-8，通电观察 PLC 的指示 LED 并做好记录。

表 5-8 指示 LED 工作情况记录表

步骤	操作内容	LED	正确结果	观察结果	备注
1	先插上电源插头，再合上断路器	POWER	点亮		已通电，注意安全
		所有 IN	均不亮		
2	RUN/STOP 开关拨至"RUN"位置	RUN	点亮		
3	RUN/STOP 开关拨至"STOP"位置	RUN	熄灭		
4	按下 SB1	IN0	点亮		
5	按下 SB2	IN1	点亮		
6	动作 S	IN2	点亮		
7	动作 SQ1	IN3	点亮		
8	动作 SQ2	IN4	点亮		
9	⚠ 拉下断路器后，拔下电源插头	POWER	熄灭		已断电，做了吗？

3. 输入梯形图

启动 GX Developer 编程软件，输入如图 5-6 所示梯形图。

（1）启动 GX Developer 编程软件

（2）创建新文件，选择 PLC 的类型为 FX_{3U}

（3）输入元件 按照项目二所学的方法输入元件，新指令的输入方法如下：

1）MC 指令的输入。单击功能图窗口中的功能按钮$\boxed{\cdots}$，在弹出的对话框中输入"MC ⎵⎵N0⎵⎵M1"后回车确认，如图 5-10 所示。

2）MCR 指令的输入。与 MC 指令的输入方法相同，单击功能图窗口中的功能按钮$\boxed{\cdots}$，在弹出的对话框中输入"MCR ⎵⎵N0"后回车确认。

图 5-10 输入 MC 指令的对话框

3）SET、RST、PLS 指令的输入方法与上述方法相同。

（4）转换梯形图 梯形图转换后，母线便移到主控触点 M1 之后，如图 5-11 所示。

（5）保存文件 将文件赋名为"项目 5－1. pmw"后确认保存。

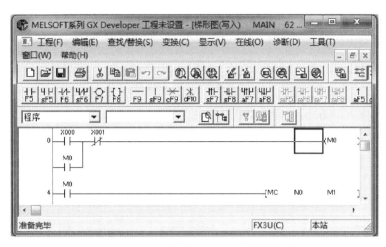

图 5-11　梯形图转换后的 MC 主控触点窗口

4. 通电调试、监控系统

（1）连接计算机与 PLC　用 SC -09 编程线缆连接计算机 COM1 串行口与 PLC 的编程接口。

（2）写入程序

1）接通系统电源，将 PLC 的 RUN/STOP 开关拨至"STOP"位置。

2）进行端口设置后，将程序"项目 5 -1. pmw"写入 PLC。

（3）调试系统　将 PLC 的 RUN/STOP 开关拨至"RUN"位置后，按表 5-9 操作，观察系统的运行情况并做好记录。如出现故障，应立即切断电源、分析原因、检查电路或梯形图后重新调试，直至系统实现功能。

表 5-9　系统运行情况记录表

操作步骤	操作内容	观察内容				备注
		指示 LED		输出设备		
		正确结果	观察结果	正确结果	观察结果	
1	按下 SB1	OUT10 熄灭		HL1 不亮		
		OUT11 点亮		HL2 点亮		
2	5s 后	OUT4 点亮		YV1 得电		
3	动作 S	OUT4 熄灭		YV1 失电		
4	动作 SQ1	OUT2 点亮		KM3 吸合，M3 运转		
		OUT10 点亮		HL1 点亮		
		OUT11 熄灭		HL2 熄灭		
5	2s 后	OUT1 点亮		KM2 吸合，M2 运转		
6	4s 后	OUT0 点亮		KM1 吸合，M1 运转		
7	6s 后	OUT5 点亮		YV2 得电		
8	动作 SQ2	OUT5 熄灭		YV2 失电		
9	2s 后	OUT0 熄灭		KM1 释放，M1 停转		
10	4s 后	OUT1 熄灭		KM2 释放，M2 停转		
11	6s 后	OUT2 熄灭		KM3 释放，M3 停转		
		OUT10 熄灭		HL1 熄灭		
		OUT11 点亮		HL2 点亮		

（续）

操作步骤	操作内容	观察内容				备注
		指示 LED		输出设备		
		正确结果	观察结果	正确结果	观察结果	
12	按下 SB2	IN1 点亮		系统停止工作		
13	按下 SB1	OUT10 熄灭		HL1 不亮		
		OUT11 点亮		HL2 点亮		
14	5s 后	OUT4 点亮		YV1 得电		
15	动作 S	OUT4 熄灭		YV1 失电		
16	动作 SQ1	OUT2 点亮		KM3 吸合，M3 运转		
		OUT10 点亮		HL1 点亮		
		OUT11 熄灭		HL2 熄灭		
17	2s 后	OUT1 点亮		KM2 吸合，M2 运转		
18	4s 后	OUT0 点亮		KM1 吸合，M1 运转		
19	6s 后	OUT5 点亮		YV2 得电		
20	按下 SB2	OUT2 点亮		KM3 吸合，M3 运转		
		OUT1 点亮		KM2 吸合，M2 运转		
		OUT0 点亮		KM1 吸合，M1 运转		
		OUT5 点亮		YV2 得电		

（4）监控梯形图

1）执行开始监控命令，进入梯形图监控状态。拨动 RUN/STOP 开关，重新运行 PLC。如图 5-12 所示，主控指令的执行条件不成立，主控接点 M1 处于断开状态。

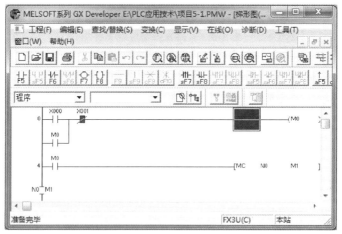

图 5-12　梯形图监控窗口

2）按下起动按钮 SB1，MC 执行条件成立，主控触点 M1 接通，如图 5-13 所示。

3）按照表 5-9 继续动作输入设备，监控梯形图。

4）停止监控梯形图。

（5）运行结果分析

1）按下起动按钮 SB1 后，M0 为 ON，主控指令条件成立，执行系统程序，系统工作；当 M0 为 OFF 时，主控指令条件不成立，系统停止工作。MC 与 MCR 之间的所有程序受主控触点控制。

2）SET 指令将元件置 1，RST 指令将元件复位，都具有状态保持功能。

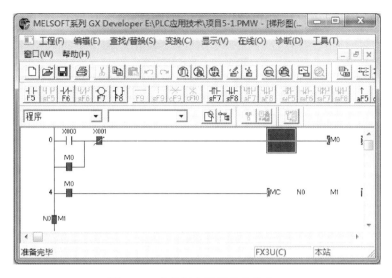

图 5-13　主控触点接通的监控窗口

3）当主控条件不成立时，MC 与 MCR 之间由 SET 驱动的元件不能复位。

5. 完善梯形图，调试系统

完善后的梯形图如图 5-14 所示，请重新输入梯形图后，进行调试。

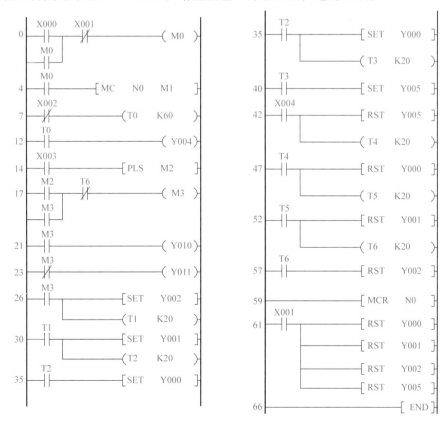

图 5-14　完善后的自动送料装车控制系统梯形图

6. 学习指令

打开指令表窗口后，阅读指令表。表5-10为系统指令表。

表5-10 系统指令表

程序步	指令	元件号	程序步	指令	元件号
0	LD	X003	32	OUT	T2 K20
1	OR	M0	35	LD	T2
2	ANI	X001	36	SET	Y000
3	OUT	M0	37	OUT	T3 K20
4	LD	M0	40	LD	T3
5	MC	N0 M1	41	SET	Y005
8	LDI	X002	42	LD	X004
9	OUT	T0	43	RST	Y005
12	LD	T0	44	OUT	T4 K20
13	OUT	Y000	47	LD	T4
14	LD	X003	48	RST	Y000
15	PLS	M2	49	OUT	T5 K20
17	LD	M2	52	LD	T5
18	OR	M3	53	RST	Y001
19	ANI	T6	54	OUT	T6 K20
20	OUT	M3	57	LD	T6
21	LD	M3	58	RST	Y002
22	OUT	Y010	59	MCR	N0
23	LDI	M3	61	LD	X001
24	OUT	Y011	62	RST	Y000
25	LD	M3	63	RST	Y001
26	SET	Y002	64	RST	Y002
27	OUT	T1 K20	65	RST	Y005
30	LD	T1	66	END	
31	SET	Y001			

7. 操作要点

1）PLC使用时，不同类别或等级电源的负载不可共用同组输出端。

2）主控触点指令执行条件成立时，PLC扫描执行MC与MCR之间的程序；条件不成立，PLC不执行MC与MCR之间的程序，且Y、M、T都复位。

3）通电调试操作必须在教师的监护下进行。

4）训练项目应在规定的时间内完成，同时做到安全操作和文明生产。

六、质量评价标准

项目质量考核要求及评分标准见表5-11。

表5-11　质量评价表

考核项目	考核要求	配分	评分标准	扣分	得分	备注
系统安装	1）会安装元件 2）按图完整、正确及规范接线 3）按照要求编号	30	1）元件松动扣2分，损坏一处扣4分 2）错、漏线每处扣2分 3）反圈、压皮、松动每处扣2分 4）错、漏编号每处扣1分			
编程操作	1）会建立程序新文件 2）正确输入梯形图 3）正确保存文件 4）会传送程序 5）会转换梯形图	40	1）不能建立程序新文件或建立错误扣4分 2）输入梯形图错误一处扣2分 3）保存文件错误扣4分 4）传送程序错误扣4分 5）转换梯形图错误扣4分			
运行操作	1）操作运行系统，分析运行结果 2）会监控梯形图	30	1）系统通电操作错误一步扣3分 2）分析运行结果错误一处扣2分 3）监控梯形图错误一处扣2分			
安全生产	自觉遵守安全文明生产规程		1）每违反一项规定扣3分 2）发生安全事故按0分处理 3）漏接接地线一处扣5分			
时间	4h		提前正确完成，每5min加2分 超过规定时间，每5min扣2分			
开始时间		结束时间		实际时间		

七、拓展与提高

拓展部分

1. LDP、LDF、ANDP、ANDF、ORP及ORF指令说明

（1）指令及其功能　LDP、LDF、ANDP、ANDF、ORP及ORF指令功能及电路表示见表5-12。

表5-12　指令功能及电路表示

助记符、名称	功能	电路表示和可用软元件	程序步
LDP 取脉冲上升沿	上升沿检出运算开始	⊢↑⊢————— X,Y,M,S,T,C	2
LDF 取脉冲下降沿	下降沿检出运算开始	⊢↓⊢————— X,Y,M,S,T,C	2

（续）

助记符、名称	功能	电路表示和可用软元件	程序步
ANDP 与脉冲上升沿	上升沿检出串联连接	─┤↑├─── X,Y,M,S,T,C	2
ANDF 与脉冲下降沿	下降沿检出串联连接	─┤↓├─── X,Y,M,S,T,C	2
ORP 或脉冲上升沿	上升沿检出并联连接	─┤↑├─ X,Y,M,S,T,C	2
ORF 或脉冲下降沿	下降沿检出并联连接	─┤↓├─ X,Y,M,S,T,C	2

（2）指令说明

1）LDP、ANDP、ORP 指令是上升沿触点指令，仅在指定的位软元件的上升沿接通一个扫描周期。

2）LDF、ANDF、ORF 指令是下降沿触点指令，仅在指定的位软元件的下降沿接通一个扫描周期。

3）线圈的并联可以通过连续使用 OUT 指令实现。

（3）应用举例 LDP、LDF、ANDP、ANDF、ORP 及 ORF 指令的应用如图 5-15 所示。

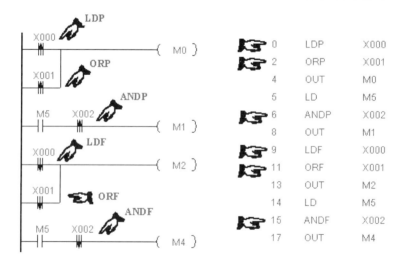

图 5-15 LDP、LDF、ANDP、ANDF、ORP 及 ORF 指令的应用举例

习题部分

1. 请写出如图 5-16 所示梯形图所对应的指令表。

2. 阅读如图 5-17a 所示梯形图，若 X000 和 X001 的动作时序如图 5-17b 所示，请根据梯形图画出对应 M0、M1 和 Y000 的波形。

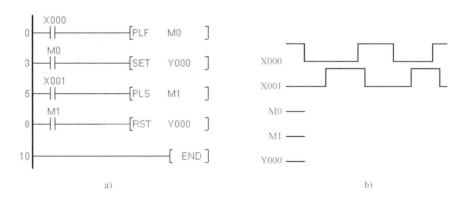

图 5-16　题 1 图

a)　　　　　　　　　　　　　　　　　b)

图 5-17　题 2 图

a) 梯形图　b) 波形图

3. 设计五组抢答器控制程序。控制要求如下：

设有主持人总台及各个参赛队分台，总台设有台灯、音响、开始及复位按钮。分台也设有分台灯、分台抢答按钮。各队必须在主持人亮题，允许开始并按了开始按钮后方可抢答，如提前抢答，抢答器将报出"违例"信号；10s 时间到，若无人抢答，则该题作废。答题时间规定为30s，若规定时间内未能答完，则做答题超时处理，音响响 1s。

项目六

交通信号灯控制

▶ 一、学习目标

1）掌握 16 位计数器的使用方法。

2）学会分析交通信号灯控制系统时序图，能根据"关键"时间点应用定时器编写顺序控制程序。

3）独立完成交通信号灯控制系统的安装、调试与监控，理解 PLC 的循环扫描原理。

▶ 二、学习任务

1.项目任务

本项目的任务是安装与调试交通信号灯 PLC 控制系统。系统控制要求如下：

十字路口交通信号灯控制时序图如图 6-1 所示。按下起动按钮 SB1，系统开始工作，南北红灯亮 30s，同时东西绿灯亮 25s 后以 0.5s 为半周期闪烁 3 次熄灭，然后东西黄灯亮 2s 熄灭；再切换成东西红灯亮 30s，同时南北绿灯亮 25s 后以 0.5s 为半周期闪烁 3 次熄灭，然后南北黄灯亮 2s 熄灭……如此不断循环。按下停止按钮 SB2，系统停止工作。

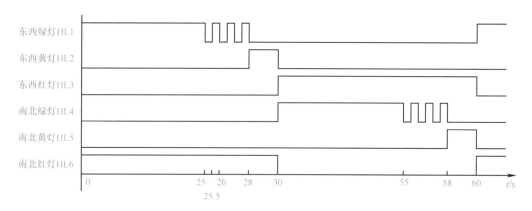

图 6-1　交通信号灯控制时序图

2.任务流程图

本项目的具体任务流程如图 6-2 所示。

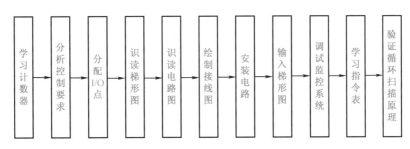

图 6-2　任务流程图

▶ 三、环境设备

学习所需工具、设备见表6-1。

表 6-1　工具、设备清单

序号	分类	名称	型号规格	数量	单位	备注
1	工具	常用电工工具		1	套	
2		万用表	MF47	1	只	
3	设备	PLC	FX$_{3U}$–48MR	1	台	
4		小型两极断路器	DZ47–63	1	个	
5		控制变压器	BK100，380V/220V、24V	1	个	
6		三相电源插头	16A	1	个	
7		熔断器底座	RT18–32	3	个	
8		熔管	2A	3	只	
9		按钮	LA38/203	1	个	
10		指示LED	24V	6	个	
11		端子板	TB–1512L	2	个	
12		安装铁板	600mm×700mm	1	块	
13		导轨	35mm	0.5	m	
14		走线槽	TC3025	若干	m	
15	消耗材料	铜导线	BVR–1.5mm²	1	m	双色
16			BVR–1.0mm²	5	m	
17		紧固件	M4×20mm 螺钉	若干	只	
18			M4 螺母	若干	只	
19			φ4mm 垫圈	若干	只	
20		编码管	φ1.5mm	若干	m	
21		编码笔	小号	1	支	

▶ 四、背景知识

由交通信号灯控制时序图看出，绿灯须闪烁三次，这要求系统具有计数功能，使用PLC的计数器可实现。与定时器一样，它也是PLC的一种软元件。下面就介绍计数器的具体使用方法。

1. 计数器

（1）通用型计数器

1）编号范围。三菱 FX$_{3U}$ 系列 PLC 的通用型计数器的编号范围为 C0 ~ C99（100 点），采用十进制编号。

2）符号。计数器的符号如图 6-3 所示，与定时器类似，K? 是计数器的设定值，其设定范围是 0 ~ 32767。

图 6-3　计数器的符号

3）应用举例。如图 6-4 所示，M1 为 ON 时，T0 与 T1 组成的振荡器以 0.5s 为半周期开始振荡，计数器 C0 记录 T1 的接通次数。C0 的当前值 = 设定值 = K4 时，C0 动合触点接通，Y000 动作；C0 动断触点断开，振荡器停止工作。当复位条件 X001 为 ON 时，C0 复位，Y000 复位。

动作时序图如图 6-4b 所示，计数器动作后，不管 T1 是否再接通或断开，其当前值不变，状态保持不变。只有复位条件成立或 PLC 断电时，C0 才复位。

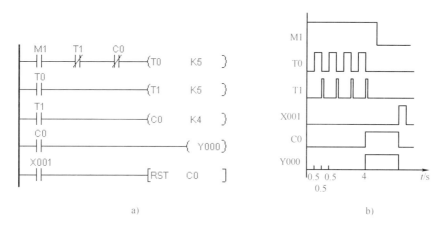

图 6-4　通用型计数器的应用举例

a）梯形图　b）动作时序图

（2）掉电保持型计数器

1）编号范围。三菱 FX$_{3U}$ 系列 PLC 的掉电保持型计数器的编号范围是 C100 ~ C199（100 点），采用十进制编号。

2）应用举例。PLC 电源正常时，计数器 C180 的功能与通用型计数器一样。只是在 PLC 外部电源掉电时，PLC 能保存 C180 掉电瞬间的计数当前值。当 PLC 外部电源恢复后，C180 继续往下计数；若掉电前 C180 已动作，则 PLC 上电后恢复 C180 掉电前的动作状态，继续驱动 Y000 动作，如图 6-5 所示。

2. 分析控制要求，确定输入输出设备

（1）分析控制要求

1）按下起动按钮 SB1，系统开始工作，按下停止按钮 SB2，系统停止工作。

2）系统起动后，6 只交通信号灯的动作顺序如下：

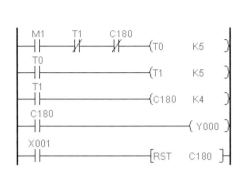

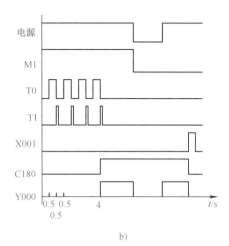

图 6-5 掉电保持型计数器的应用举例

a）梯形图 b）动作时序图

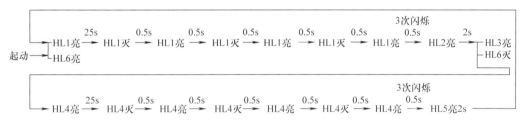

显然，6 只交通信号灯的逻辑控制都以时间为主线，都在各个"时间点"进行状态切换。

3）系统循环工作。

（2）确定输入设备 系统的输入设备有 2 只按钮，PLC 需用 2 个输入点分别与它们的动合触头相连。

（3）确定输出设备 系统的输出设备有东西、南北方向各 3 只信号灯，PLC 需要 6 个输出点分别驱动它们。

3. I/O 点分配

综合上述分析，PLC 需用 2 个输入点和 6 个输出点，具体 I/O 点分配见表 6-2。

表 6-2 输入/输出设备及 I/O 点分配表

输入			输出		
元件代号	功能	输入点	元件代号	功能	输出点
SB1	系统起动	X0	HL1	东西绿灯	Y2
			HL2	东西黄灯	Y3
			HL3	东西红灯	Y4
SB2	系统停止	X1	HL4	南北绿灯	Y5
			HL5	南北黄灯	Y6
			HL6	南北红灯	Y7

4. 系统梯形图

如图6-6所示为交通信号灯控制系统梯形图，其执行原理如下：

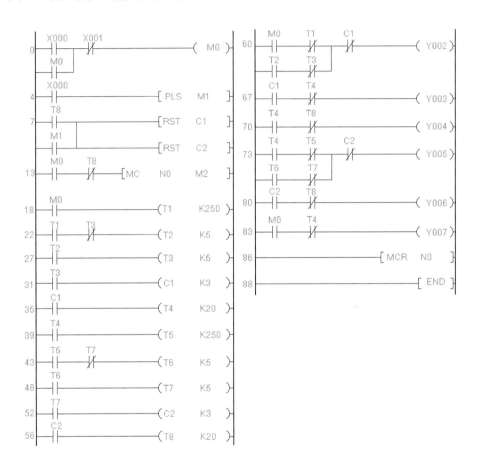

图6-6 交通信号灯控制系统梯形图

1）起动与停止。按下起动按钮SB1，X000动作，M0动作且保持，MC指令的执行条件成立，PLC执行MC与MCR之间的程序，系统起动。按下停止按钮，X001动作，M0复位，MC指令的执行条件不成立，PLC停止执行MC与MCR之间的程序，系统停止工作。

2）"时间点"的建立。梯形图的设计采用了顺序控制的编程方法，各定时器的动作过程如下：

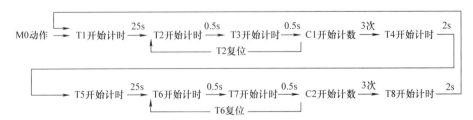

3）输出驱动控制。利用时间点为切换条件，接通和断开相应的输出继电器，输出控制情况见表6-3。

表 6-3 时间点输出控制情况

交通信号灯	接通的时间点	断开的时间点	程序步
东西绿灯 Y002	起动 M0、T2 计时 0.5s	T1 计时 25s、T3 计时 0.5s、C1 计数 3 次	60~66 步
东西黄灯 Y003	C1 计数 3 次	T4 计时 2s	67~69 步
东西红灯 Y004	T4 计时 2s	T8 计时 2s	70~72 步
南北绿灯 Y005	T4 计时 2s T6 计时 0.5s	T5 计时 25s、T7 计时 0.5s、C2 计数 3 次	73~79 步
南北黄灯 Y006	C2 计数 3 次	T8 计时 2s	80~82 步
南北红灯 Y007	起动 M0	T4 计时 2s	83~85 步

4）计数器复位。按下起动按钮时，M1 的上升沿脉冲对计数器 C1 和 C2 复位；每一个工作周期结束时，T8 动作对计数器 C1 和 C2 复位。

5）循环工作控制。一次循环结束，T8 动作，对计数器 C1 和 C2 复位，同时 T8 动断触点断开，MC 指令的执行条件不成立，PLC 停止执行 MC 与 MCR 之间的程序，所有定时器和输出继电器均复位。仅一个扫描周期后，T8 动断触点复位接通，MC 指令的执行条件恢复，PLC 重新执行 MC 与 MCR 之间的程序，系统循环工作。

5. 系统电路图

如图 6-7 所示为交通信号灯控制系统电路图，其电路组成及元件功能见表 6-4。

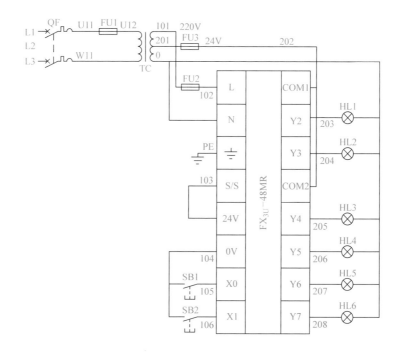

图 6-7 交通信号灯控制系统电路图

表 6-4　电路组成及元件功能

序号	电路名称		电路组成	元件功能	备注
1		电源电路	QF	电源开关	
2			FU1	用作变压器短路保护	
3			TC	给 PLC 及 PLC 输出设备提供电源	
4	控制电路	PLC 输入电路	FU2	用作 PLC 电源电路短路保护	
5			SB1	系统起动	
6			SB2	系统停止	
7		PLC 输出电路	FU3	用作 PLC 输出电路短路保护	
8			HL1	东西绿灯	
9			HL2	东西黄灯	
10			HL3	东西红灯	
11			HL4	南北绿灯	
12			HL5	南北黄灯	
13			HL6	南北红灯	

▶ 五、操作指导

1. 绘制接线图

根据如图 6-7 所示电路图绘制接线图，参考接线图如图 6-8 所示。

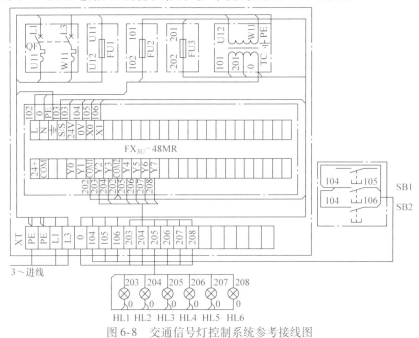

图 6-8　交通信号灯控制系统参考接线图

2. 安装电路

（1）检查元器件　根据表 6-1 配齐元器件，检查元件的规格是否符合要求，检测元器件的质量是否完好。

（2）固定元器件　按照绘制的接线图，参考如图6-9所示安装板固定元件。

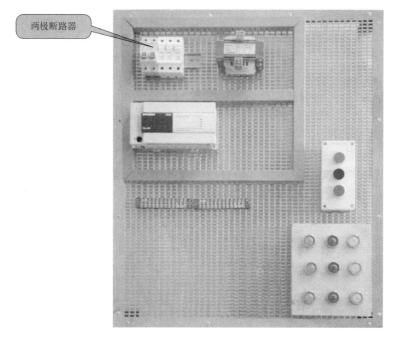

两极断路器

图6-9　交通信号灯控制系统安装板

（3）配线安装　根据配线原则及工艺要求，对照绘制的接线图进行配线安装。

1）板上元件的配线安装。

2）外围设备的配线安装。

（4）自检

1）检查布线。对照线路图检查是否掉线、错线，是否漏编、错编，接线是否牢固等。

2）使用万用表检测。在电源插头未插接的情况下，按表6-5所示检测过程使用万用表检测安装的电路，如测量阻值与正确阻值不符，应根据接线图检查是否有错线、掉线、错位、短路等。

表6-5　万用表的检测过程

序号	检测任务	操作方法	正确阻值	测量阻值	备注
1	检测电源电路	合上 QF 后测量 XT 的 L1 和 L3 之间的阻值	TC 一次绕组的阻值		
2	检测 PLC 输入电路	测量 PLC 的电源输入端子 L 与 N 之间的阻值	约为 TC 二次绕组的阻值		220V 二次绕组
3		测量电源输入端子 L 与公共端子 0V 之间的阻值	∞		
4		常态时，测量所用输入点 X 与公共端子 0V 之间的阻值	均为几千欧至几十千欧		
5		逐一动作输入设备，测量对应的输入点 X 与公共端子 0V 之间的阻值	均约为 0Ω		

2）进行端口设置后，将程序"项目 6 - 1. pmw"写入 PLC。

（3）调试系统　将 PLC 的 RUN/STOP 开关拨至"RUN"位置后，按表 6-7 操作，观察系统的运行情况并做好记录。如出现故障，应立即切断电源、分析原因、检查电路或梯形图后重新调试，直至系统实现功能。

表 6-7　系统运行情况记录表

操作步骤	操作内容	观察内容				备注
		指示 LED		输出设备		
		正确结果	观察结果	正确结果	观察结果	
1	按下 SB1	OUT2 点亮		HL1 点亮		东西绿灯亮
		OUT7 点亮		HL6 点亮		南北红灯亮
2	25s 到	OUT2 熄灭		HL1 熄灭		
3	25.5s 到	OUT2 点亮		HL1 点亮		东西绿灯闪烁 3 次
4	26s 到	OUT2 熄灭		HL1 熄灭		
5	HL1 闪烁 3 次后	OUT3 点亮		HL2 点亮		东西黄灯亮
6	30s 到	OUT3 熄灭		HL2 熄灭		东西黄灯灭
		OUT4 点亮		HL3 点亮		东西红灯亮
		OUT5 点亮		HL4 点亮		南北绿灯亮
		OUT7 熄灭		HL6 熄灭		南北红灯灭
7	55s 到	OUT5 熄灭		HL4 熄灭		
8	55.5s 到	OUT5 点亮		HL4 点亮		南北绿灯闪烁 3 次
9	56s 到	OUT5 熄灭		HL4 熄灭		
10	HL4 闪烁 3 次后	OUT6 点亮		HL5 点亮		南北黄灯亮
11	60s 到	OUT2 点亮		HL1 点亮		东西绿灯亮
		OUT6 熄灭		HL5 熄灭		南北黄灯灭
		OUT7 点亮		HL6 点亮		南北红灯亮
		循环工作				
12	按下 SB2	系统停止工作				

（4）监控梯形图

1）执行开始监控命令，进入梯形图监控状态。

2）启动控制系统，按表 6-7 操作，监控梯形图。

3）停止梯形图监控状态。

（5）运行结果分析

1）利用主控触点指令可以实现系统起停控制。

2）设计时间控制的程序时，先建立"时间点"，再根据"时间点"驱动输出，而无需考虑各输出之间的逻辑关系，从而使程序更简单、易读。

5. 学习指令

打开文件"项目 6 - 1. pmw"的指令表窗口，阅读系统指令表。系统指令表功能见表6-8。

表 6-8 系统指令表功能

程序步	指令	元件号	程序步	指令	元件号
0	LD	X000	53	OUT	C2　K3
1	OR	M0	56	LD	C2
2	ANI	X001	57	OUT	T8　K20
3	OUT	M0	60	LD	M0
4	LD	X000	61	ANI	T1
5	PLS	M1	62	LD	T2
7	LD	T8	63	ANI	T3
8	OR	M1	64	ORB	
9	RST	C1	65	ANI	C1
11	RST	C2	66	OUT	Y002
13	LD	M0	67	LD	C1
14	ANI	T8	68	ANI	T4
15	MC	N0　M2	69	OUT	Y003
18	LD	M0	70	LD	T4
19	OUT	T1　K250	71	ANI	T8
22	LD	T1	72	OUT	Y004
23	ANI	T3	73	LD	T4
24	OUT	T2　K5	74	ANI	T5
27	LD	T2	75	LD	T6
28	OUT	T3　K5	76	ANI	T7
31	LD	T3	77	ORB	
32	OUT	C1　K3	78	ANI	C2
35	LD	C1	79	OUT	Y005
36	OUT	T4　K20	80	LD	C2
39	LD	T4	81	ANI	T8
40	OUT	T5　K250	82	OUT	Y006
43	LD	T5	83	LD	M0
44	ANI	T7	84	ANI	T4
45	OUT	T6　K5	85	OUT	Y006
48	LD	T6	86	MCR	N0
49	OUT	T7　K5	88	END	
52	LD	T7			

6. 验证循环扫描原理

PLC 与计算机的工作原理基本上是一致的，都是通过运行用户程序完成控制任务，但是两者的工作方式有所不同，计算机是采用等待命令的工作方式，而 PLC 则是采用循环扫描的串行工作方式。

（1）学习 PLC 循环扫描原理　如图 6-11 所示，当 PLC 运行时，它要完成输入处理、程序执行和输出处理 3 个阶段的工作。

1）输入处理阶段。输入处理又称为输入采样。在此阶段，PLC 读入所有输入点的通断状态，并写入输入映像寄存器。

2）程序处理阶段。PLC 根据梯形图，按自上而下、从左往右的顺序逐行扫描，执行程序。在此阶段，PLC 不进行输入处理，凡遇输入继电器，就读取输入映像寄存器中的内容；凡遇其他软元件，就读取或写入（线圈）元件映像寄存器，故元件映像寄存器中所寄存的内容，会随程序的执行发生变化。在此阶段，PLC 不进行输出处理。

3）输出处理阶段。在此阶段，PLC 先将输出映像寄存器中 Y 的状态送至输出锁存器锁存，然后再通过输出端子驱动输出设备。

PLC 一直循环执行上述 3 个阶段，每重复一次的时间称为 PLC 的一个扫描周期。若只将程序"项目 6 – 1. pmw"中的计数器复位程序从主控触点外移至主控触点内，它原来的控制功能就不能实现，修改后的梯形图如图 6-12 所示。

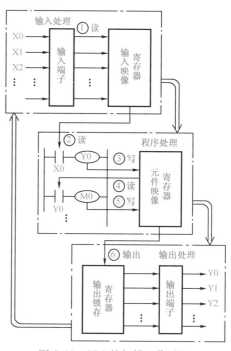

图 6-11　PLC 的扫描工作过程

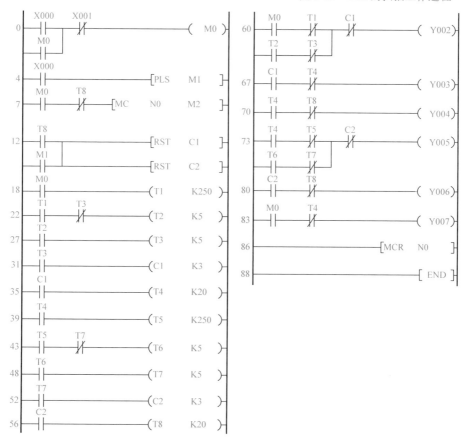

图 6-12　复位程序移动后的梯形图

（2）修改梯形图 打开文件"项目 6 – 1. pmw"的梯形图窗口，将其修改为如图 6-12 所示梯形图。

1）行插入。如图 6-13 所示，单击动合触点 M0，将光标位置移至程序插入行，执行如图 6-14 所示的［编辑］→［行插入］命令，便在光标处插入新的一行，梯形图进入编辑状态，如图 6-15 所示。

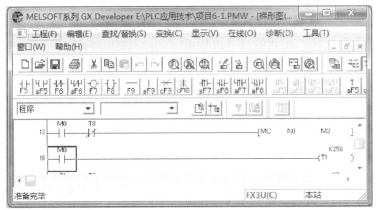

图 6-13 光标移至插入行

图 6-14 ［行插入］命令

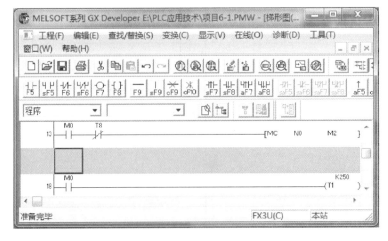

图 6-15 行插入后的梯形图编辑界面

2）剪切梯形图。如图 6-16 所示，选中计数器复位程序，执行［编辑］→［剪切］命令后，复位程序便被剪切。

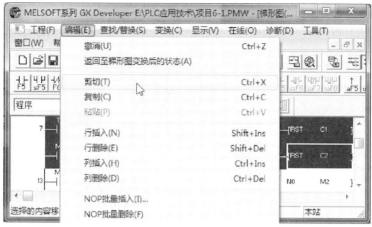

图 6-16　梯形图［剪切］命令

3）粘贴梯形图。如图 6-17 所示，将光标移至插入行，执行［编辑］→［粘贴］命令后，完成复位程序的粘贴，粘贴后的梯形图窗口如图 6-18 所示。

图 6-17　梯形图［粘贴］命令

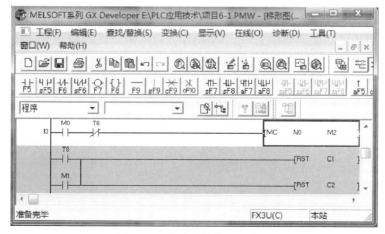

图 6-18　粘贴后的梯形图窗口

4）转换梯形图。

5）文件赋名为"项目6 – 2. pmw"后另存。

（3）通电调试、监控梯形图

1）调试系统。将程序"项目6 – 2. pmw"写入 PLC，按表6-9操作，观察系统的运行情况并做好记录。

表6-9　系统运行情况记录表

操作步骤	操作内容	观察内容				备注
		指示 LED		输出设备		
		正确结果	观察结果	正确结果	观察结果	
1	按下 SB1	OUT2 点亮		HL1 点亮		东西绿灯亮
		OUT7 点亮		HL6 点亮		南北红灯亮
2	25s 到	OUT2 熄灭		HL1 熄灭		东西绿灯闪烁3次后
3	25.5s 到	OUT2 点亮		HL1 点亮		
4	26s 到	OUT2 熄灭		HL1 熄灭		
5	HL1 闪烁3次后	OUT3 点亮		HL2 点亮		东西黄灯亮
6	30s 到	OUT3 熄灭		HL2 熄灭		东西黄灯灭
		OUT4 点亮		HL3 点亮		东西红灯亮
		OUT5 点亮		HL4 点亮		南北绿灯亮
		OUT7 熄灭		HL6 熄灭		南北红灯灭
7	55s 到	OUT5 熄灭		HL4 熄灭		南北绿灯闪烁3次
8	55.5s 到	OUT5 点亮		HL4 点亮		
9	56s 到	OUT5 熄灭		HL4 熄灭		
10	HL4 闪烁3次后	OUT6 点亮		HL5 点亮		南北黄灯亮
11	60s 后	OUT3 点亮		HL2 点亮		东西黄灯亮
		OUT6 点亮		HL5 点亮		南北黄灯灭
		OUT7 点亮		HL6 点亮		南北红灯亮
		系统不能循环工作				
12	按下 SB2	系统停止工作				

2）监控梯形图。一个循环结束时，T8动作，但不能复位计数器 C1 和 C2，如图6-19所示。

3）运行结果分析。PLC 的工作方式为循环扫描的串行工作方式。T8 计时时间到，动断触点断开，MC 指令执行条件不成立，复位程序不执行，定时器与输出继电器都复位。仅一个扫描周期后，由于 T8 动断触点复位闭合，PLC 又重新执行 MC 与 MCR 之间的程序，但此时计数器的复位条件 T8 已断开，导致计数器 C1、C2 不能复位，同时 T8 反复计时2s，PLC 以2s 为周期反复执行 MC 与 MCR 之间的程序。

7. 操作要点

1）利用主控触点指令可以实现起停控制。

2）建立"关键"时间点，用时间点驱动输出，使梯形图变得清晰、可读。

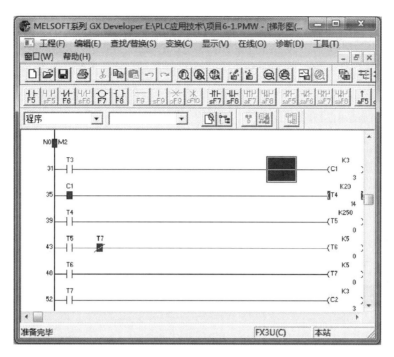

图 6-19 梯形图的监控窗口

3）PLC 工作方式为循环扫描的串行工作方式。

4）通电调试操作必须在教师的监护下进行。

5）训练项目应在规定的时间内完成，同时做到安全操作和文明生产。

▶ 六、质量评价标准

项目质量考核要求及评分标准见表 6-10。

表 6-10 质量评价表

考核项目	考核要求	配分	评分标准	扣分	得分	备注
系统安装	1）会安装元件 2）按图完整、正确及规范接线 3）按照要求编号	30	1）元件松动每处扣2分，损坏一处扣4分 2）错、漏线每处扣2分 3）反圈、压皮、松动每处扣2分 4）错、漏编号每处扣1分			
编程操作	1）会建立程序新文件 2）正确输入梯形图 3）正确保存文件 4）会传送程序 5）会转换梯形图	40	1）不能建立程序新文件或建立错误扣4分 2）输入梯形图错误一处扣2分 3）保存文件错误扣4分 4）传送程序错误扣4分 5）转换梯形图错误扣4分			

（续）

考核项目	考核要求	配分	评分标准	扣分	得分	备注
运行操作	1）操作运行系统，分析运行结果 2）会监控梯形图 3）会验证串行工作方式	30	1）系统通电操作错误一步扣3分 2）分析运行结果错误一处扣2分 3）监控梯形图错误一处扣2分 4）验证串行工作方式错误扣5分			
安全生产	自觉遵守安全文明生产规程		1）每违反一项规定扣3分 2）发生安全事故按0分处理 3）漏接接地线一处扣5分			
时间	3h		提前正确完成，每5min加2分 超过规定时间，每5min扣2分			
开始时间		结束时间		实际时间		

▶ 七、拓展与提高

拓展部分

1. ORB 指令说明

（1）指令及其功能　ORB 指令的助记符、功能及电路表示见表 6-11。

表 6-11　指令功能及电路表示

助记符、名称	功能	电路表示和可用软元件	程序步
ORB 电路块或	串联电路块的并联连接		1

（2）指令说明

1）由两个或两个以上的触点串联连接的电路称为串联电路块。

2）ORB 是不带操作数的独立指令。

3）ORB 指令可以成批使用，但不得超过 8 次。

（3）应用举例　ORB 指令的应用如图 6-20 所示。

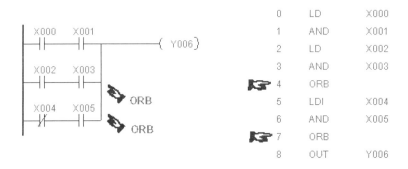

图 6-20　ORB 指令的应用举例

2. ANB 指令说明

（1）指令助记符及其功能　ANB 指令的助记符、功能及电路表示见表 6-12。

表 6-12　指令功能及电路表示

助记符、名称	功能	电路表示和可用软元件	程序步
ANB 电路块与	并联电路块的串联连接		1

（2）指令说明

1）由两个或两个以上的触点并联连接的电路称为并联电路块。

2）ANB 是不带操作数的独立指令。

3）ANB 指令可以成批使用，但不得超过 8 次。

（3）应用举例　ANB 指令的应用如图 6-21 所示。

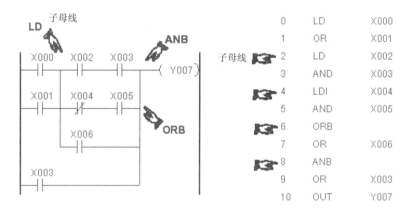

图 6-21　ANB 指令的应用举例

习题部分

1. 设计三台电动机的循环起停运转控制系统。如图 6-22 所示，要求三台电动机相隔 5s 起动，各运行 10s 后停止，并循环工作。

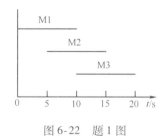

图 6-22　题 1 图

2. 设计电动机正反转控制程序，控制要求如下：

（1）按下起动按钮，电动机正转 5s → 停 2s → 再正转 5s → 停 2s → 反转 5s → 停 2s。如此循环 4 个周期后自动停止。

（2）在任何时候按下急停按钮，电动机立即停止工作。

3. 复杂十字路口交通信号灯控制程序设计，其控制要求见如图 6-23 所示的时序图。

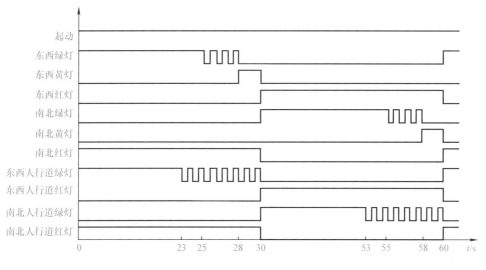

图 6-23 题 3 图

项目七

液体混合装置控制

▶ 一、学习目标

1）学会使用状态元件，并正确应用步进指令编程。

2）分析液体混合装置控制要求，正确绘制系统状态转移图，掌握状态三要素和单流程的状态编程方法。

3）独立完成液体混合装置控制系统的安装、调试与监控。

▶ 二、学习任务

1. 项目任务

本项目的任务是安装与调试液体混合装置 PLC 控制系统。系统控制要求如下：

如图 7-1 所示，SL1、SL2、SL3 为 3 个液位传感器，被液体淹没时接通。进液阀 YV1、YV2 分别控制 A 液体和 B 液体进液，出液阀 YV3 控制混合液体出液。

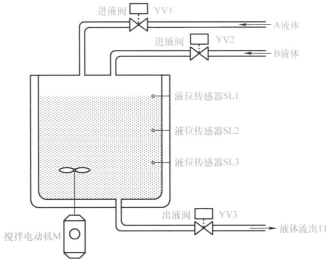

图 7-1   液体混合装置控制示意图

（1）初始状态   当装置投入运行时，进液阀 YV1、YV2 关闭，出液阀 YV3 打开 20s 将容器中的残存液体放空后关闭。

（2）起动操作   按下起动按钮 SB1，液体混合装置开始按以下顺序工作：

1）进液阀 YV1 打开，A 液体流入容器，液位上升。

2）当液位上升到 SL2 处时，进液阀 YV1 关闭，A 液体停止流入，同时打开进液阀 YV2，B 液体开始流入容器。

3）当液位上升到 SL1 处时，进液阀 YV2 关闭，B 液体停止流入，同时搅拌电动机 M 开始工作。

4）搅拌 1min 后，停止搅拌，放液阀 YV3 打开，开始放液，液位开始下降。

5）当液位下降到 SL3 处时，开始计时且装置继续放液，将容器放空，计时满 20s 后关闭放液阀 YV3，自动开始下一个循环。

（3）停止操作　工作中，若按下停止按钮 SB2，装置不会立即停止，而是完成当前工作循环后再自动停止。

2. 任务流程图

本项目的具体任务流程如图 7-2 所示。

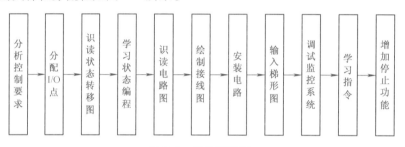

图 7-2　任务流程图

三、环境设备

学习所需工具、设备见表 7-1。

表 7-1　工具、设备清单

序号	分类	名称	型号规格	数量	单位	备注
1	工具	常用电工工具		1	套	
2		万用表	MF47	1	只	
3	设备	PLC	$FX_{3U}-48MR$	1	台	
4		小型三极断路器	DZ47-63	1	个	
5		控制变压器	BK100，380V/220V，24V	1	个	
6		三相电源插头	16A	1	个	
7		熔断器底座	RT18-32	6	个	
8		熔管	2A	3	只	
9			6A	3	只	
10		交流接触器	CJX1-12/22，220V	4	个	
11		按钮	LA38/203	2	个	
12		三相笼型异步电动机	380V，0.75kW，丫联结	1	台	
13		端子板	TB-1512L	2	个	
14		安装铁板	600mm×700mm	1	块	
15		导轨	35mm	0.5	m	
16		走线槽	TC3025	若干	m	

（续）

序号	分类	名称	型号规格	数量	单位	备注
17	消耗材料	铜导线	BVR－1.5mm²	5	m	
18			BVR－1.5mm²	2	m	双色
19			BVR－1.0mm²	5	m	
20		紧固件	M4×20mm 螺钉	若干	只	
21			M4 螺母	若干	只	
22			φ4mm 垫圈	若干	只	
23		编码管	φ1.5mm	若干	m	
24		编码笔	小号	1	支	

四、背景知识

从液体混合装置的工作过程可以看出，整个工作过程主要分为初始准备、进 A 液、进 B 液、搅拌、出液等五个阶段（步），各阶段（步）是按顺序在相应的转换信号指令下从一个阶段（步）向下一个阶段（步）转换，属于顺序控制。三菱 PLC 为此配备了专门的顺序控制指令——步进指令，用步进指令编程简单直观、方便易读。下面结合液体混合装置，学习步进程序的设计方法，用步进指令编程实现对它的控制。

1. 分析控制要求，确定输入输出设备

（1）分析控制要求

1）起动操作。分析系统控制要求，可将系统的工作流程分解为 5 个工作步骤，如图 7-3 所示。

第一步：初始准备阶段，出液阀 YV3 打开，放液 20s。

第二步：按下起动按钮 SB1，进液阀 YV1 打开，进 A 液。

第三步：SL2 动作，打开进液阀 YV2，进 B 液。

第四步：SL1 动作，搅拌电动机 M 工作，搅拌混合液体 1min。

第五步：1min 到，打开放液阀 YV3。放液至

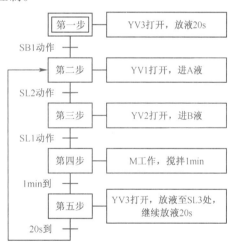

图 7-3　液体混合装置工作流程图

SL3 处，开始计时且继续放液，计时满 20s 后，开始下一个循环。

2）停止操作。在工作过程中，按下停止按钮 SB2 后，装置不会立即停止，而是完成当前工作循环后才会自动停止。

（2）确定输入设备　根据上述分析，系统有 5 个输入信号：起动，停止，液位传感器 SL1、SL2 和 SL3 检测信号。由此确定，系统的输入设备有 2 只按钮和 3 只传感器，PLC 需用 5 个输入点分别与之相连。

（3）确定输出设备　系统由进液阀 YV1、YV2 分别控制 A 液与 B 液的进液；出液阀 YV3 控制放液；电动机 M 进行混合液体的搅拌。由此确定，系统的输出设备有 3 只电磁阀和 1 只接触器，PLC 需用 4 个输出点分别驱动它们。

2. I/O 点分配

根据确定的输入/输出设备及输入/输出点数分配 I/O 点,见表7-2。

表7-2 输入/输出设备及 I/O 点分配表

输入			输出		
元件代号	功能	输入点	元件代号	功能	输出点
SB1	系统起动	X0	KM	控制搅拌电动机	Y0
SB2	系统停止	X1	YV1	进液阀	Y4
SL1	液位传感器	X2	YV2	进液阀	Y5
SL2	液位传感器	X3	YV3	出液阀	Y6
SL3	液位传感器	X4			

3. 系统状态转移图

图7-3 很清晰地描述了系统的整个工艺流程,将复杂的工作过程分解成若干步,各步包含了驱动功能、转移条件和转移方向。这种将整体程序分解成若干步进行编程的思想就是状态编程的思想,而状态步进编程的主要方法是应用状态元件编制状态转移图。

(1)状态元件 S 状态元件是状态转移图的基本元素,也是一种软元件。FX$_{3U}$ 系列 PLC 的状态元件见表7-3。

表7-3 FX$_{3U}$ 系列 PLC 的状态元件

元件编号	个数	用途
S0 ~ S9	10	用作初始状态
S10 ~ S499	490	用于一般中间状态
S500 ~ S899	400	用于停电保持
S900 ~ S999	100	用于信号报警
S1000 ~ S4095	3096	专门用于停电保持

(2)状态转移图 将图7-3 中的初始准备用初始状态元件 S0 表示,其他各步用 S20 开始的一般状态元件表示,再将转移条件和驱动功能换成对应的软元件,如图7-3 所示的工作流程图就演变为如图7-4 所示的状态转移图。

(3)状态三要素 如图7-4 所示,状态转移图中有驱动的负载、向下一状态转移的条件和转移的方向,三者构成了状态转移图的三要素。以 S20 状态为例,驱动的负载为 Y004,向下一状态转移的条件为 X003,转移的方向为 S21。

在状态三要素中,是否驱动负载视具体控制情况而定,但转移条件和转移方向是必不可少的。所以初始状态 S0 也必须有转移条件,否则无法激活它,通常采用 PLC 的特殊辅助继电器 M8002

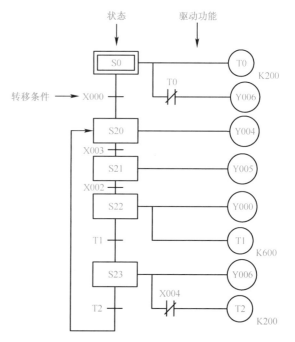

图7-4 由工作流程图演变而成的状态转移图

实现。M8002 的作用是在 PLC 运行的第一个扫描周期内接通，产生一个扫描周期的初始化脉冲。完整的液体混合装置状态转移图如图 7-5 所示。

4. 状态编程

（1）步进指令 FX₃U 系列 PLC 的步进指令有两条：步进接点指令 STL 和步进返回指令 RET。

1）步进接点指令（STL）。指令 STL 用于激活某个状态，从主母线上引出状态接点，建立子母线，以使该状态下的所有操作均在子母线上进行，其符号为 —[STL]—。

2）步进返回指令（RET）。指令 RET 用于步进控制程序返回主母线。由于非状态控制程序的操作在主母线上完成，而状态控制程序均在子母线上进行，为了防止出现逻辑错误，在

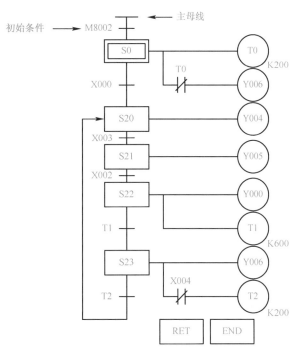

图 7-5 液体混合装置状态转移图

步进控制程序结束时必须使用 RET 指令，让步进控制程序执行完毕后返回主母线，其符号为—[RET]—。

（2）状态编程原则 状态编程的原则为先驱动负载，再向下一状态转移。如图 7-6 所示，以 S0 状态为例，将状态转移图转换为梯形图。STL S0 激活 S0 状态，引出 S0 状态接点，建立子母线。在子母线上，先驱动定时器 T0 和 Y006。当转移条件 X000 成立时，S0 状态向状态 S20 转移。

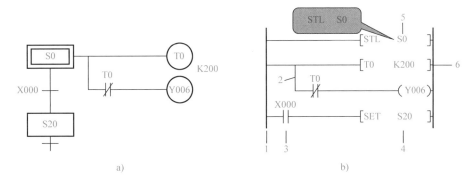

a) b)

图 7-6 S0 状态转移图与梯形图

a）S0 状态转移图 b）S0 状态梯形图

1—主母线 2—子母线 3—转移条件 4—转移方向 5—引出状态接点 6—驱动负载

（3）梯形图 根据状态编程原则，将如图 7-5 所示的系统状态转移图转换为如图 7-7 所示的梯形图，其执行原理如下：

1）S0 状态。PLC 运行的第一个扫描周期，M8002 接通（转移条件成立），激活 S0 状态，建立子母线。在子母线上，定时器 T0 开始定时 20s，Y006 动作开始放液。定时时间到，Y006 复位停止放液。按下起动按钮，X000 动作，初始状态 S0 向一般状态 S20 转移。

2）S20 状态。STL S20 激活 S20 状态，建立子母线。在子母线上，Y004 动作进 A 液。当液位上升至 SL2 处，X003 动作，向 S21 状态转移。

3）S21 状态。STL S21 激活 S21 状态，建立子母线。在子母线上，Y005 动作进 B 液。液位上升至 SL1 处，X002 动作，向 S22 状态转移。

4）S22 状态。STL S22 激活 S22 状态，建立子母线。在子母线上，T1 开始计时，Y000 动作，开始搅拌混合液体。60s 时间到，向 S23 状态转移。

5）S23 状态。STL S23 激活 S23 状态，建立子母线。在子母线上，Y006 动作开始放液。液位下降至 SL3 处，X004 复位，开始定时 20s，时间到向 S20 状态转移，自动进入下一个循环。

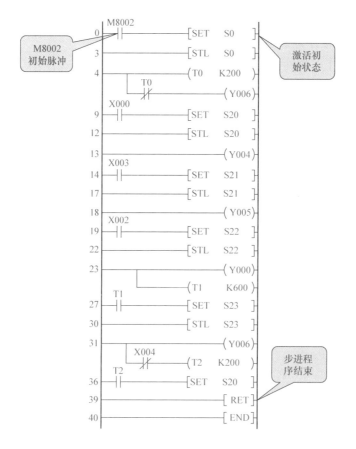

图 7-7　液体混合装置梯形图

5. 系统电路图

如图 7-8 所示为液体混合装置控制系统电路图，其电路组成及元件功能见表 7-4 。

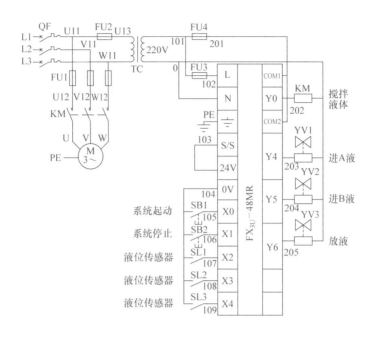

图 7-8　液体混合装置控制系统电路图

表 7-4　电路组成及元件功能

序号	电路名称		电路组成	元件功能	备注
1		电源电路	QF	电源开关	
2			FU2	用作变压器短路保护	
3			TC	给 PLC 及 PLC 输出设备提供电源	
4		主电路	FU1	主电路短路保护	
5			KM 主触头	控制搅拌电动机	
6			M	搅拌混合液体	
7	控制电路	PLC 输入电路	FU3	用作 PLC 电源电路短路保护	
8			SB1	系统起动	
9			SB2	系统停止	
10			SL1	液位传感器，检测液位	
11			SL2	液位传感器，检测液位	
12			SL3	液位传感器，检测液位	
13		PLC 输出电路	FU4	用作 PLC 输出电路短路保护	
14			KM	控制 KM 的吸合与释放	
15			YV1	进 A 液	
16			YV2	进 B 液	
17			YV3	放液	

五、操作指导

1. 绘制接线图

根据如图 7-8 所示电路图绘制接线图，参考接线图如图 7-9 所示。

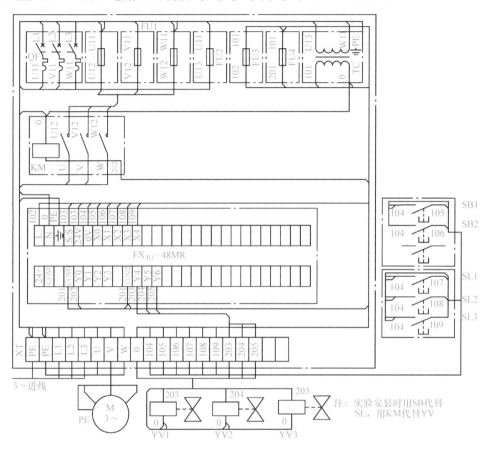

图 7-9　液体混合装置控制系统接线图

2. 安装电路

（1）检查元器件　根据表 7-1 配齐元器件，检查元器件的规格是否符合要求，检测元器件的质量是否完好。

（2）固定元器件　按照绘制的接线图，参考如图 7-10 所示安装板固定元件。

（3）配线安装　根据配线原则及工艺要求，对照绘制的接线图进行配线安装。

1）板上元件的配线安装。

2）外围设备的配线安装。

（4）自检

1）检查布线。对照线路图检查是否掉线、错线，是否漏编、错编，接线是否牢固等。

2）使用万用表检测。按表 7-5 的检测过程使用万用表检测安装的电路，如测量阻值与正确阻值不符，应根据接线图检查是否有错线、掉线、错位、短路等。

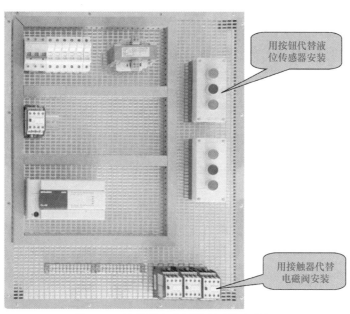

图 7-10 液体混合装置控制系统安装板

表 7-5 万用表的检测过程

序号	检测任务	操作方法		正确阻值	测量阻值	备注
1	检测主电路	合上 QF，断开 FU2 后分别测量 XT 的 L1 与 L2、L2 与 L3、L3 与 L1 之间的阻值	常态时，不动作任何元件	均为∞		
2			压下 KM	均为电动机两相定子绕组的阻值之和		
3		接通 FU2，测量 XT 的 L1 和 L3 之间的阻值		TC 一次绕组的阻值		
4	检测 PLC 输入电路	测量 PLC 的电源输入端子 L 与 N 之间的阻值		约为 TC 二次绕组的阻值		
5		测量电源输入端子 L 与公共端子 0V 之间的阻值		∞		
6		常态时，测量所用输入点 X 与公共端子 0V 之间的阻值		均为几千欧至几十千欧		
7		逐一动作输入设备，测量其对应的输入点 X 与公共端子 0V 之间的阻值		均约为 0Ω		
8	检测 PLC 输出电路	测量输出点 Y0 与公共端子 COM1 之间的阻值		TC 二次绕组与 KM 线圈的阻值之和		
9		分别测量 Y4 、Y5、Y6 与 COM2 之间的阻值		TC 二次绕组与 YV 线圈的阻值之和		
10	检测完毕，断开 QF					

（5）通电观察 PLC 的指示 LED

经自检，确认电路正确和无安全隐患后，在教师监护下，按照表 7-6，通电观察 PLC 的指示 LED 并做好记录。

表 7-6 指示 LED 工作情况记录表

步骤	操作内容	LED	正确结果	观察结果	备注
1	先插上电源插头，再合上断路器	POWER	点亮		已通电，注意安全
		所有 IN	均不亮		
2	RUN/STOP 开关拨至 "RUN" 位置	RUN	点亮		
3	RUN/STOP 开关拨至 "STOP" 位置	RUN	熄灭		
4	按下 SB1	IN0	点亮		
5	按下 SB2	IN1	点亮		
6	动作 SL1	IN2	点亮		
7	动作 SL2	IN3	点亮		
8	动作 SL3	IN4	点亮		
9	⚠ 拉下断路器后，拔下电源插头	POWER	熄灭		已断电，做了吗？

3. 输入梯形图

启动 GX Developer 编程软件，输入如图 7-7 所示梯形图。

（1）启动 GX Developer 编程软件

（2）创建新文件，选择 PLC 类型为 FX$_{3U}$

（3）输入元件　按照项目二所学的方法输入元件，新指令的输入方法如下：

1）输入指令 STL。单击功能图窗口中的功能按钮，在弹出的对话框中输入 "STL␣S0" 后，确认完成，如图 7-11 所示。

图 7-11　输入 STL 指令的对话框

2）输入指令 RET。单击功能图窗口中的功能按钮，在弹出的对话框中输入 "RET" 后，确认即可。

（4）转换梯形图

（5）保存文件　将文件赋名为 "项目 7 – 1. pmw" 后确认保存。

4. 通电调试、监控系统

（1）连接计算机与 PLC　用 SC – 09 编程线缆连接计算机 COM1 串行口与 PLC 的编程接口。

（2）写入程序

1）接通系统电源，将 PLC 的 RUN/STOP 开关拨至 "STOP" 位置。

2）进行端口设置后，将程序 "项目 7 – 1. pmw" 写入 PLC。

注意：FX$_{3U}$ 系列 PLC 的所有状态元件 S 具有掉电保持功能，为了保证正常调试程序，可在程序的开始增编复位程序，以复位状态元件。如图 7-12 所示为用 ZRST 区间复位指令（批复位指令）对 S20 ~ S25 区间内的 6 个状态元件整体复位。

图7-12　调试用的复位程序

（3）调试系统　将PLC的RUN/STOP开关拨至"RUN"位置后，按表7-7操作，观察系统的运行情况并做好记录。如出现故障，应立即切断电源、分析原因、检查电路或梯形图后重新调试，直至系统实现功能。

表7-7　系统运行情况记录表

操作步骤	操作内容	观察内容				备注
		指示LED		输出设备		
		正确结果	观察结果	正确结果	观察结果	
1	RUN/STOP开关拨至"RUN"位置	OUT6点亮		YV3得电		
2	20s后	OUT6熄灭		YV3失电		
3	按下SB1	OUT4点亮		YV1得电		
4	动作SL2	OUT4熄灭		YV1失电		
		OUT5点亮		YV2得电		
5	按下SB1	无变化		无变化		不能转移
6	动作SL3	无变化		无变化		
7	动作SL1	OUT5熄灭		YV2失电		
		OUT0点亮		KM吸合 M运转		
8	按下SB1	无变化		无变化		不能转移
9	动作SL2	无变化		无变化		
10	60s到（预先动作SL3）	OUT0熄灭		KM释放 M停转		
		OUT6点亮		YV3得电		
11	复位SL3	OUT6点亮		YV3得电		
12	20s到	OUT6熄灭		YV3失电		
		OUT4点亮		YV1得电		
	自动进入下一循环					

（4）监控梯形图

1）执行开始监控命令，进入梯形图监控状态。

2）重新运行PLC，系统的初始状态S0被激活，Y006动作，开始放液且定时器T0线圈接通，开始计时，如图7-13所示。

3）T0计时20s到，Y006复位，停止放液，如图7-14所示。

4）按下起动按钮SB1后，X000动作，S0状态被关闭，S20状态被激活，Y004动作，进A液，如图7-15所示。

5）动作SL2，X003动作，S20状态被关闭，S21状态被激活，Y005动作，进B液，如

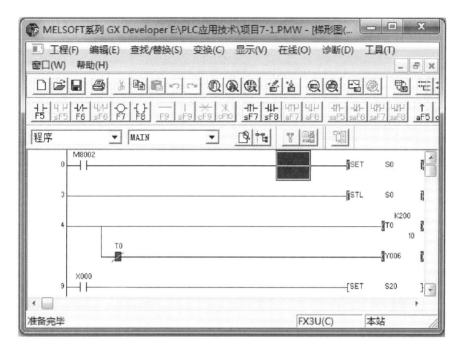

图 7-13 初始状态的梯形图监控窗口

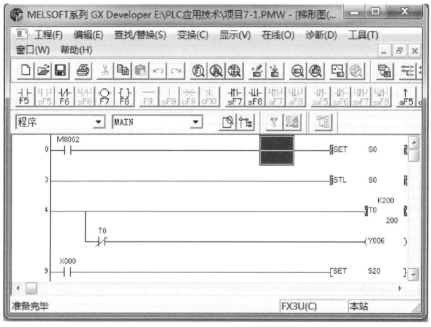

图 7-14 T0 计时到的梯形图监控窗口

图 7-16 所示。

6）动作 SL1，X002 动作，S21 状态被关闭，S22 状态被激活，Y000 动作，搅拌混合液体且定时器 T1 开始计时，如图 7-17 所示。

7）T1 计时 60s 到，S22 状态被关闭，S23 状态被激活，Y006 动作，开始放液，液位下降，如图 7-18 所示。

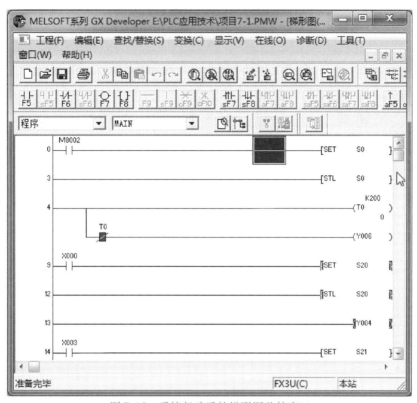

图 7-15　系统起动后的梯形图监控窗口

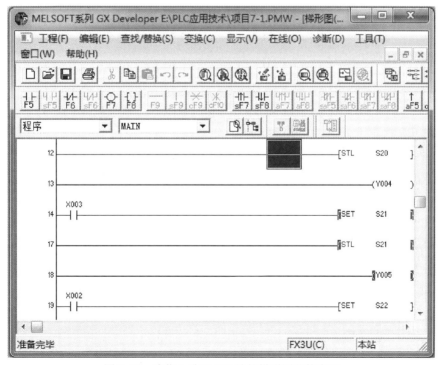

图 7-16　液位上升至 SL2 处的梯形图监控窗口

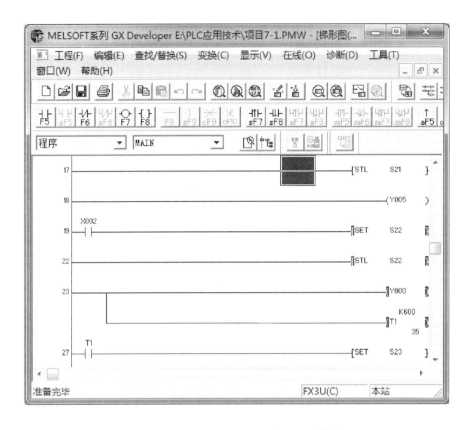

图 7-17 液位上升至 SL1 处的梯形图监控窗口

8）复位 SL3，Y006 动作，装置继续放液，定时器 T2 开始计时 20s，如图 7-19 所示。

9）T2 计时 20s 到，S23 状态被关闭，S20 状态被激活，进入下一个循环。

10）在 S21 状态下，直接动作 SL1，X002 动作，但不能向 S22 状态转移，如图 7-20 所示。

11）停止梯形图监控。

（5）运行结果分析

1）PLC 能够实现单流程顺序控制。

2）一旦系统的某一个状态被"激活"，其上一个状态将自动"关闭"。所谓"激活"是指该状态下的程序被扫描执行，所谓"关闭"是指该状态下的程序停止扫描，不被执行。

3）系统工作时，上一个状态必须被"激活"，下一个状态才可能转移。即若对应的状态是"开启"的，负载驱动和状态转移才有可能；反之，若对应的状态是"关闭"的，就不能驱动负载和状态转移。

5. 学习指令

打开文件"项目 7 - 1. pmw"的指令表窗口，阅读系统指令表，见表 7-8。

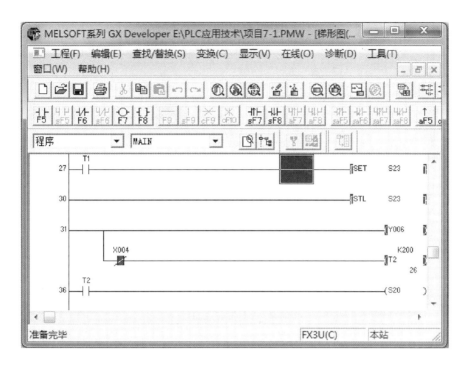

图 7-18　T1 计时到的梯形图监控窗口

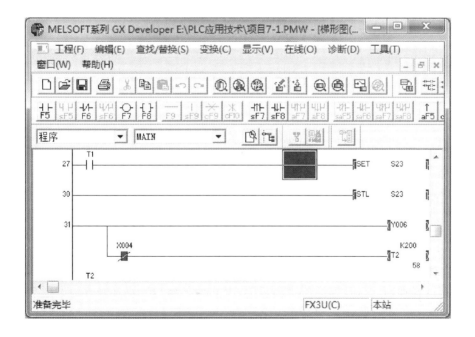

图 7-19　液位低于 SL3 处的梯形图监控窗口

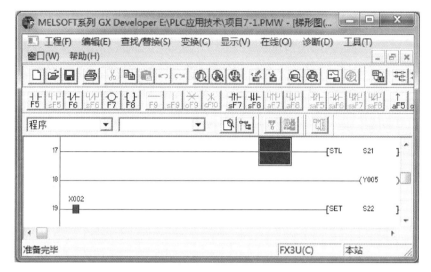

图 7-20　动作 SL1 的梯形图监控窗口

表 7-8　系统指令表功能

程序步	指令	元件号	程序步	指令	元件号
0	LD	M8002	20	SET	S22
1	SET	S0	22	STL	S22
3	STL	S0	23	OUT	Y000
4	OUT	T0　K200	24	OUT	T1　K600
7	LDI	T0	27	LD	T1
8	OUT	Y006	28	SET	S23
9	LD	X000	30	STL	S23
10	SET	S20	31	OUT	Y006
12	STL	S20	32	LDI	X004
13	OUT	Y004	33	OUT	T2　K200
14	LD	X003	36	LD	T2
15	SET	S21	37	SET	S20
17	STL	S21	39	RET	
18	OUT	Y005	40	END	
19	LD	X002			

6. 完善程序，增加停止功能

系统要求，按下停止按钮 SB2 后，装置不会立即停止，而是完成当前工作循环后自动停止。这就要求系统具有停止信号的记忆保存功能。如图 7-21 所示，按下起动按钮 SB1，X000 动作，M0 动作且保持，装置正常起动，循环工作；按下停止按钮 SB2，X001 动作，M0 复位，当程序执行至 S20 状态时，M0 转移条件不成立，不能激活 S21 状态继续向下执行程序，装置停止工作。

（1）修改梯形图　打开梯形图"项目 7 – 1. pmw"窗口，将其修改为如图 7-21 所示梯形图后，转换另存为"项目 7 – 2. pmw"。

（2）调试运行、监控系统

1）调试系统。将程序"项目 7 – 2. pmw"写入 PLC，按表 7-9 操作，观察系统的运行情况并作好记录。

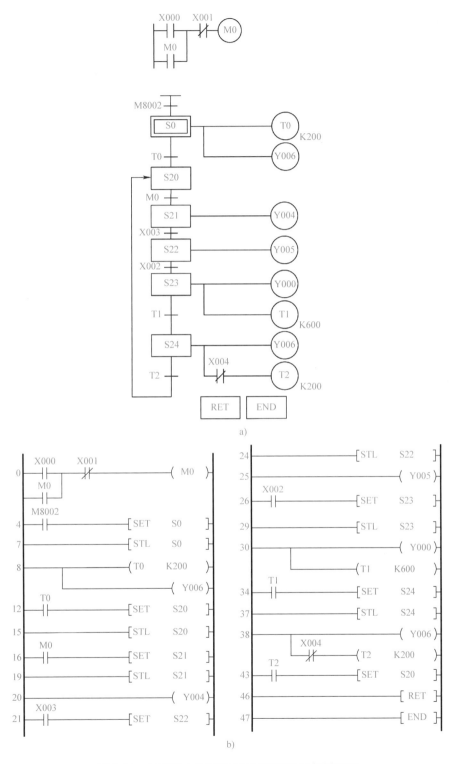

图 7-21　具有停止功能的系统状态转移图与梯形图
a）状态转移图　b）梯形图

表 7-9　系统运行情况记录表

操作步骤	操作内容	观察内容				备注
		指示 LED		输出设备		
		正确结果	观察结果	正确结果	观察结果	
1	RUN/STOP 开关拨至"RUN"位置	OUT6 点亮		YV3 得电		
2	20s 后	OUT6 熄灭		YV3 失电		
3	按下 SB1	OUT4 点亮		YV1 得电		
4	动作 SL2	OUT4 熄灭		YV1 失电		
		OUT5 亮		YV2 得电		
5	按下 SB2	无变化，系统继续工作				不停止
6	动作 SL1	OUT5 熄灭		YV2 失电		
		OUT0 点亮		KM 吸合 M 运转		
7	60s 到（预先动作 SL3）	OUT0 熄灭		KM 释放 M 停转		
		OUT6 点亮		YV3 得电		
8	复位 SL3	OUT6 点亮		YV3 得电		
9	20s 到	系统停止工作				

2）监控梯形图。T0 计时时间到，S20 状态被激活，S0 状态被关闭。T2 计时时间到，S20 状态被激活，S24 状态被关闭。S20 状态能否向 S21 状态转移，系统是否循环工作，完全取决于转移条件 M0 动合触点是否闭合，如图 7-22 所示。

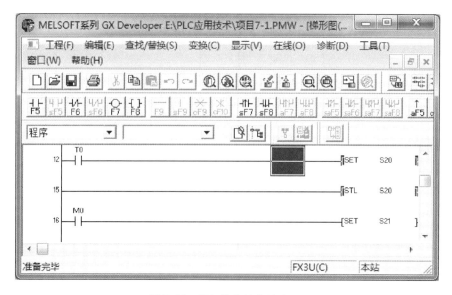

图 7-22　S20 状态的监控窗口

（3）运行结果分析

1）状态转移图形象直观地反映了系统的顺序控制过程。利用 STL 节点指令激活某个状态，上一状态自动关闭，在转移条件成立时，再向下一个状态转移。用户在编程过程中，只需考虑一个状态，无需考虑与其他状态之间的关系。对于顺序控制的场合，应用状态编程，可使程序的可读性更好、更便于理解，也使程序调试、故障检修变得相对容易。

2）S20 状态为插入的中间状态，无任何驱动功能，在本程序中只起关闭上一个状态的作用。在较复杂的状态编程中，有时为了编程的方便，往往采用这种方法。

3）利用主母线上的 M0 起停程序，记忆起停状态，从而控制 S20 状态是否向 S21 状态转移，实现了起动和停止功能。这种方法很好地解决了编程中按下停止按钮后，系统必须完成本循环所有工作后再停止的问题。

7. 操作要点

1）应用初始化脉冲 M8002 激活初始状态 S0。

2）在步进控制程序的结束必须使用 RET 指令，保证步进控制程序执行完毕后返回主母线。

3）步进控制程序中，上一个状态必须被"激活"，下一个状态才可能转移；一旦下一个状态被"激活"，上一个状态就自动"关闭"。

4）FX$_{3U}$ 系列 PLC 的所有状态元件 S 具有掉电保持功能，为了保证正常调试程序，可在程序的开始增编复位程序。

5）通电调试操作必须在老师的监护下进行。

6）训练项目应在规定的时间内完成，同时做到安全操作和文明生产。

▶ 六、质量评价标准

项目质量考核要求及评分标准见表 7-10。

表 7-10　质量评价表

考核项目	考核要求	配分	评分标准	扣分	得分	备注
系统安装	1）会安装元件 2）按图完整、正确及规范接线 3）按照要求编号	30	1）元件松动每处扣 2 分，损坏一处扣 4 分 2）错、漏线每处扣 2 分 3）反圈、压皮、松动每处扣 2 分 4）错、漏编号每处扣 1 分			
编程操作	1）会建立程序新文件 2）正确绘制状态转移图 3）正确输入梯形图 4）正确保存文件 5）会传送程序 6）会转换梯形图	40	1）不能建立程序新文件或建立错误扣 4 分 2）绘制状态转移图错误一处扣 2 分 3）输入梯形图错误一处扣 2 分 4）保存文件错误扣 4 分 5）传送程序错误扣 4 分 6）转换梯形图错误扣 4 分			

（续）

考核项目	考核要求	配分	评分标准	扣分	得分	备注
运行操作	1）操作运行系统，分析操作结果 2）会监控梯形图 3）实现停止功能	30	1）系统通电操作错误一步扣3分 2）分析操作结果错误一处扣2分 3）监控梯形图错误一处扣2分 4）不能实现停止功能扣5分			
安全生产	自觉遵守安全文明生产规程		1）每违反一项规定扣3分 2）发生安全事故按0分处理 3）漏接接地线一处扣5分			
时间	4h		提前正确完成，每5min加2分 超过规定时间，每5min扣2分			
开始时间		结束时间		实际时间		

▶ 七、拓展与提高

拓展部分

用辅助继电器设计单流程顺序控制程序

使用步进顺序控制指令设计顺序控制程序的特点是，"激活"下一个状态，自动"关闭"上一个状态。根据这个特点，用辅助继电器也可实现单流程顺序控制程序的设计，其设计方法为使用辅助继电器 M 替代工作步，应用 SET 置位指令"激活"下一状态 M、使用 RST 复位指令"关闭"上一状态 M。如图 7-23 所示，顺序功能图中用辅助继电器 M 替代各工作步（状态 S）。以其状态 M2 为例，当 M1 动作和 X003 接通时，执行指令"SET M2"，即"激活"状态 M2；再执行指令"RST M1"，即"关闭"状态 M1；最后用 M2 动合触点驱动 Y001，其顺序功能图与梯形图的转换过程如图 7-24 所示。根据此方法将图 7-23 转换为单流程顺序控制梯形图，如图 7-25 所示。

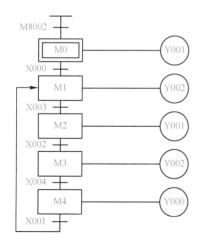

图 7-23 顺序功能图

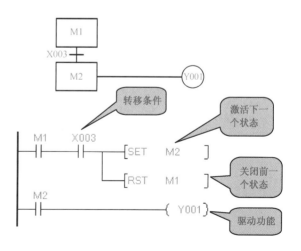

图 7-24 M2 的顺序功能图与梯形图

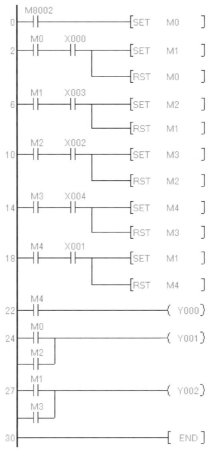

图 7-25 单流程顺序控制梯形图

习题部分

1. 单流程分支状态转移图如图 7-26 所示，请写出其对应的梯形图程序。

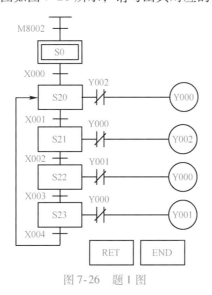

图 7-26 题 1 图

2. 设计台车自动往返控制系统。设计要求如下：

（1）如图 7-27 所示，初始时，台车在原位 SQ2 处，按下起动按钮 SB，台车第一次前进。

（2）碰到行程开关 SQ1，台车后退至原位 SQ2 处停止。

（3）台车在原位 SQ2 停 5s 后第二次前进。

（4）碰到行程开关 SQ3，后退到原位 SQ2 处停止。

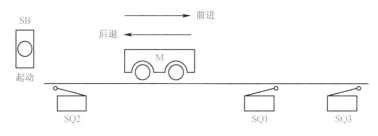

图 7-27　题 2 图

3. 设计小车送料控制系统。设计要求如下：

如图 7-28 所示，初始时，小车在原位 SQ1 处，按下起动按钮 SB，小车前进，当运行到料斗下方时，限位开关 SQ2 动作，此时打开料斗给小车加料，延时 20s 后，小车后退返回。返回至 SQ1 处，小车停止，打开小车底门卸料，6s 后结束，完成一个工作周期，如此不断循环。

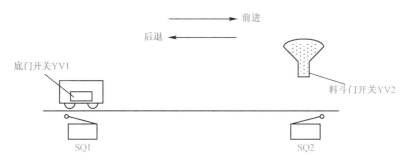

图 7-28　题 3 图

4. 全自动洗衣机控制程序设计。设计要求：

起动后，洗衣机打开进水阀进水，水位达到高水位时，关闭进水阀停止进水，开始洗涤。正转洗涤 15s，暂停 3s 后反转洗涤 15s，暂停 3s 后再正转洗涤 15s，如此反复 30 次。洗涤结束后打开排水阀开始排水，当水位下降至低水位时，开始脱水（同时开始排水），脱水时间为 10s。这样便完成一次从进水到脱水的大循环。

经过 3 次大循环后，洗衣完成，发出报警，10s 后结束全部过程，自动停机。

5. 钻孔动力头控制程序设计。冷加工生产线上有一个钻孔动力头，该动力头的控制要求如下：

（1）初始时，动力头停在原位，限位开关 SQ1 动作。按下起动按钮，电磁阀 YV1 接通，动力头快进。

（2）动力头快进至限位开关 SQ2 处，电磁阀 YV1 和 YV2 接通，动力头由快进转为工进。

（3）动力头工进至限位开关 SQ3 处，开始定时 10s。

（4）定时时间到，电磁阀 YV3 接通，动力头快退。

（5）动力头退回原位时，限位开关 SQ1 动作，动力头停止工作。

大小球分类传送控制

▶ 一、学习目标

1）识读选择性分支状态转移图，学会选择性分支的状态编程方法。

2）独立完成大小球分类传送控制系统的安装、调试与监控。

▶ 二、学习任务

1. 项目任务

本项目的任务是安装与调试大小球分类传送 PLC 控制系统。系统控制要求如下：

大小球分类传送装置的主要功能是将大球吸住送到大球容器中，将小球吸住送到小球容器中，实现大、小球分类放置。

（1）初始状态 如图 8-1 所示，左上为原点位置，上限位开关 SQ1 和左限位开关 SQ3 压合动作，原点指示灯 HL 亮。装置必须停在原点位置时才能起动；若初始时不在原点位置，可通过手动方式调整到原位后再起动。

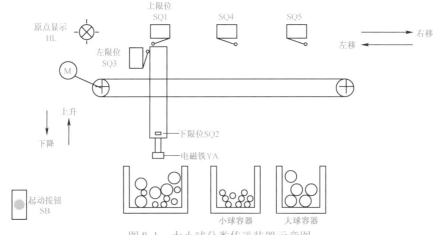

图 8-1　大小球分类传送装置示意图

（2）大小球判断 当电磁铁碰着小球时，下限位开关 SQ2 动作压合；当电磁铁碰着大球时，SQ2 不动作。

（3）工作过程 按下起动按钮 SB，装置按以下规律工作（下降时间为 2s，吸球放球时间为 1s）：

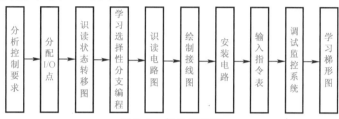

2. 任务流程图

本项目的任务流程如图 8-2 所示。

```
分析控制要求 → 分配I/O点 → 识读状态转移图 → 学习选择性分支编程 → 识读电路图 → 绘制接线图 → 安装电路 → 输入指令表 → 调试监控系统 → 学习梯形图
```

图 8-2　任务流程图

三、环境设备

学习所需工具、设备见表 8-1。

表 8-1　工具、设备清单

序号	分类	名称	型号规格	数量	单位	备注
1	工具	常用电工工具		1	套	
2		万用表	MF47	1	只	
3		PLC	FX$_{3U}$ – 48MR	1	台	
4		小型三极断路器	DZ47 – 63	1	个	
5		控制变压器	BK100，380V/220V、24V	1	个	
6		三相电源插头	16A	1	个	
7		熔断器底座	RT18 – 32	10	个	
8		熔管	2A	4	只	
9			6A	6	只	
10	设备	交流接触器	CJX1 – 12/22，220V	5	个	
11		指示灯	24V	1	个	
12		按钮	LA38/203	1	个	
13		行程开关	YBLX – K1/311	5	个	
14		三相笼型异步电动机	380V，0.75kW，丫联结	2	台	
15		端子板	TB – 1512L	2	个	
16		安装铁板	600mm × 700mm	1	块	
17		导轨	35mm	0.5	m	
18		走线槽	TC3025	若干	m	

（续）

序号	分类	名称	型号规格	数量	单位	备注
19			$BVR - 1.5mm^2$	8	m	
20		铜导线	$BVR - 1.5mm^2$	4	m	双色
21			$BVR - 1.0mm^2$	5	m	
22	消耗材料	紧固件	$M4 \times 20mm$ 螺钉	若干	只	
23			M4 螺母	若干	只	
24			$\phi 4mm$ 垫圈	若干	只	
25		编码管	$\phi 1.5mm$	若干	m	
26		编码笔	小号	1	支	

◆ 四、背景知识

根据大小球分类传送装置的工作过程，以吸住球的大小作为选择条件，可将工作流程分成两个分支，SQ2 压合时，系统执行小球分支，反之，系统执行大球分支。显然，SQ2 动作与否是判断选择不同分支执行的条件，属于步进顺序控制程序中的选择性分支。下面结合大小球分类传送装置，学习选择性分支步进程序设计的基本方法，实现大小球分类传送。

1. 分析控制要求，确定输入输出设备

（1）分析控制要求　根据步进状态编程的思想，首先将系统的工作过程进行分解，其流程如图 8-3 所示。

（2）确定输入设备　系统的输入设备有 5 个行程开关和 1 只按钮，PLC 需用 6 个输入点分别和它们的动合触点相连。

（3）确定输出设备　系统由电动机 M1 拖动分拣臂左移或右移，电动机 M2 拖动分拣臂上升或下降，电磁铁 YV 吸、放球，原点到位由指示灯 HL 显示。由此确定，系统的输出设备有 4 只接触器、1 只电磁铁和 1 只指示灯，PLC 需用 6 个输出点分别驱动控制两台电动机正反转的接触器线圈、电磁铁和指示灯。

2. I/O 点分配

根据确定的输入输出设备及输入输出点数分配 I/O 点，见表 8-2。

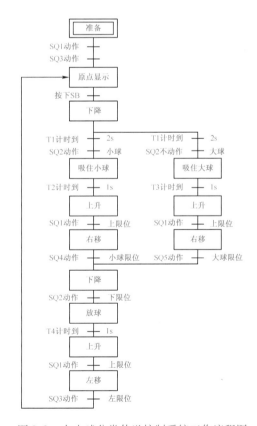

图 8-3　大小球分类传送控制系统工作流程图

表 8-2 输入输出设备及 I/O 点分配表

输入			输出		
元件代号	功能	输入点	元件代号	功能	输出点
SB	系统起动	X0	KM1	上升	Y0
SQ1	上限位	X1	KM2	下降	Y1
SQ2	下限位	X2	KM3	左移	Y2
SQ3	左限位	X3	KM4	右移	Y3
SQ4	小球限位	X4	YA	吸球	Y4
SQ5	大球限位	X5	HL	原点显示	Y10

3. 系统状态转移图

根据工作流程图与状态转移图的转换方法，将图 8-3 转换成状态转移图，如图 8-4 所示。

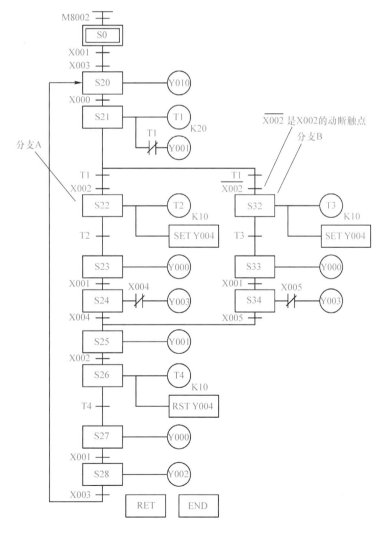

图 8-4 大小球分类传送控制系统状态转移图

4. 选择性分支的状态编程

（1）选择性分支状态转移图的特点　如图 8-4 所示为选择性分支状态转移图，它具有以下三个特点：

1）状态转移图有两个或两个以上分支。分支 A 为小球传送控制流程，分支 B 为大球传送控制流程。

2）S21 为分支状态。S21 状态是分支流程的起点，称为分支状态。

在分支状态 S21 下，系统根据不同的转移条件，选择执行不同的分支，但不能同时成立，只能有一个为 ON。若 X002 已动作，当 T1 动作时，执行分支 A；若 X002 未动作，T1 动作时，执行分支 B。

3）S25 为汇合状态。S25 状态是分支流程的汇合点，称其为汇合状态。汇合状态 S25 可以由 S24、S34 中的任一状态驱动。

（2）选择性分支状态转移图的编程原则　先集中处理分支状态，后集中处理汇合状态。如图 8-4 所示，先进行 S21 分支状态的编程，再进行 S25 汇合状态的编程。

1）S21 分支状态的编程。分支状态的编程方法：先进行分支状态的驱动处理，再依次转移。以图 8-5 为例，运用此方法，编写分支状态 S21 的程序，编程指令表见表 8-3。

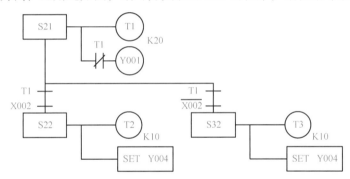

图 8-5　分支状态 S21 的状态转移图

表 8-3　分支状态 S21 的编程指令表

编程步骤	指令	元件号	指令功能	备注
第一步：分支状态的驱动处理	STL	S21	激活分支状态 S21	
	OUT	T1　K20	驱动负载	
	LDI	T1		
	OUT	Y001		
第二步：依次转移	LD	T1	第一分支转移条件	向第一分支转移
	AND	X002		
	SET	S22	第一分支转移方向	
	LD	T1	第二分支转移条件	向第二分支转移
	ANI	X002		
	SET	S32	第二分支转移方向	

2）S25 汇合状态的编程。汇合状态的编程方法：先依次进行汇合前所有状态的驱动处理，再依次向汇合状态转移。以图 8-6 为例，运用此方法，编写汇合状态 S25 的程序，编程

指令表见表8-4。

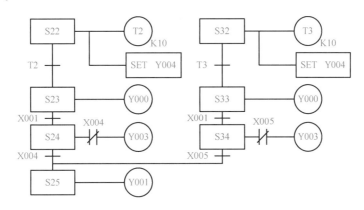

图 8-6　汇合状态 S25 的状态转移图

表 8-4　汇合状态 S25 的编程指令表

编程步骤		指令	元件号	指令功能	备注
第一步：依次进行汇合前所有状态的驱动处理	第一分支	STL	S22	激活 S22 状态	S22 状态的驱动处理
		OUT	T2　K10	驱动负载	
		SET	Y004		
		LD	T2	转移条件	
		SET	S23	转移方向	
		STL	S23	激活 S23 状态	S23 状态的驱动处理
		OUT	Y000	驱动负载	
		LD	X001	转移条件	
		SET	S24	转移方向	
		STL	S24	激活 S24 状态	S24 状态的驱动处理
		LDI	X004	驱动负载	
		OUT	Y003		
	第二分支	STL	S32	激活 S32 状态	S32 状态的驱动处理
		OUT	T3　K10	驱动负载	
		SET	Y004		
		LD	T3	转移条件	
		SET	S33	转移方向	
		STL	S33	激活 S33 状态	S33 状态的驱动处理
		OUT	Y000	驱动负载	
		LD	X001	转移条件	
		SET	S34	转移方向	
		STL	S34	激活 S34 状态	S34 状态的驱动处理
		LDI	X005	驱动负载	
		OUT	Y003		

（续）

编程步骤	指令	元件号	指令功能	备注
第二步：依次向汇合状态转移	STL	S24	再次激活 S24 状态	第一分支向汇合状态转移
	LD	X004	转移条件	
	SET	S25	转移方向	
	STL	S34	再次激活 S34 状态	第二分支向汇合状态转移
	LD	X005	转移条件	
	SET	S25	转移方向	

（3）系统指令表　根据单流程的编程方法和选择性分支的编程方法，对照状态转移图8-4，写出系统指令表，见表8-5。

表8-5　系统指令表

程序步	指令	元件号	程序步	指令	元件号
0	LD	M8002	48	LD	T3
1	SET	S0	49	SET	S33
3	STL	S0	51	STL	S33
4	LD	X001	52	OUT	Y000
5	AND	X003	53	LD	X001
6	SET	S20	54	SET	S34
8	STL	S20	56	STL	S34
9	OUT	Y010	57	LDI	X005
10	LD	X000	58	OUT	Y003
11	SET	S21	59	STL	S24
13	STL	S21	60	LD	X004
14	OUT	T1　K20	61	SET	S25
17	LDI	T1	63	STL	S34
18	OUT	Y001	64	LD	X005
19	LD	T1	65	SET	S25
20	AND	X002	67	STL	S25
21	SET	S22	68	OUT	Y001
23	LD	T1	69	LD	X004
24	ANI	X002	70	SET	S26
25	SET	S32	72	STL	S26
27	STL	S22	73	OUT	T4　K10
28	OUT	T2　K10	76	RST	Y004
31	SET	Y004	77	LD	T4
32	LD	T2	78	SET	S27
33	SET	S23	80	STL	S27
35	STL	S23	81	OUT	Y000
36	OUT	Y000	82	LD	X001
37	LD	X001	83	SET	S28
38	SET	S24	85	STL	S28
40	STL	S24	86	OUT	Y002
41	LDI	X004	87	LD	X003
42	OUT	Y003	88	SET	S20
43	STL	S32	90	RET	
44	OUT	T3　K10	91	END	
47	SET	Y004			

5. 系统电路图

如图 8-7 所示为大小球分类传送控制系统电路图，其电路组成及元件功能见表 8-6。

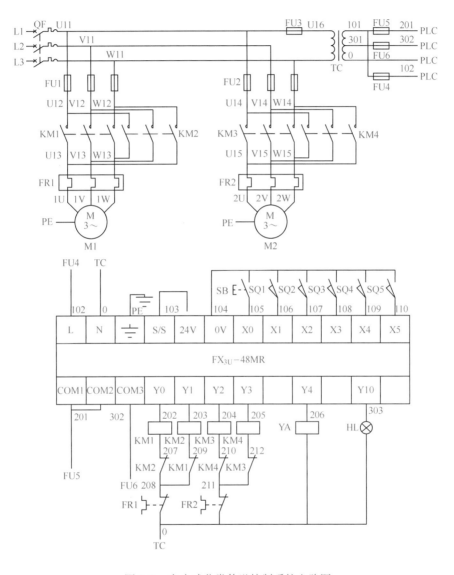

图 8-7　大小球分类传送控制系统电路图

表 8-6　电路组成及元件功能

序号	电路名称	电路组成	元件功能	备注
1	电源电路	QF	电源开关	
2		FU3	用作变压器短路保护	
3		TC	给 PLC 及 PLC 输出设备提供电源	

（续）

序号	电路名称		电路组成	元件功能	备注
4	主电路		FU1	用作电动机 M1 的电源短路保护	
5			KM1 主触头	控制电动机 M1 的正转	
6			KM2 主触头	控制电动机 M1 的反转	
7			FR1	用作电动机 M1 的过载保护	
8			M1	升降电动机	
9			FU2	用作电动机 M2 的电源短路保护	
10			KM3 主触头	控制电动机 M2 的正转	
11			KM4 主触头	控制电动机 M2 的反转	
12			FR2	电动机 M2 的过载保护	
13			M2	水平移动电动机	
14	控制电路	PLC 输入电路	FU4	用作 PLC 电源电路短路保护	
15			SB	起动按钮	
16			SQ1	上限位	
17			SQ2	下限位	
18			SQ3	左限位	
19			SQ4	小球限位	
20			SQ5	大球限位	
21		PLC 输出电路	FU5	用作 PLC 输出电路短路保护	安装时，YA 用接触器 KM 代替
22			KM1 线圈	控制 KM1 的吸合与释放	
23			KM2 线圈	控制 KM2 的吸合与释放	
24			KM3 线圈	控制 KM3 的吸合与释放	
25			KM4 线圈	控制 KM4 的吸合与释放	
26			YA	吸球	
27			KM1 常闭触点	M1 正反转联锁保护	
28			KM2 常闭触点	M1 正反转联锁保护	
29			KM3 常闭触点	M2 正反转联锁保护	
30			KM4 常闭触点	M2 正反转联锁保护	
31			FU6	PLC 输出电路短路保护	
32			HL	原点显示	

五、操作指导

1. 绘制接线图

根据如图 8-7 所示电路图绘制接线图，参考接线图如图 8-8 所示。

2. 安装电路

（1）检查元器件　根据表 8-1 配齐元器件，检查元件的规格是否符合要求，检测元件的质量是否完好。

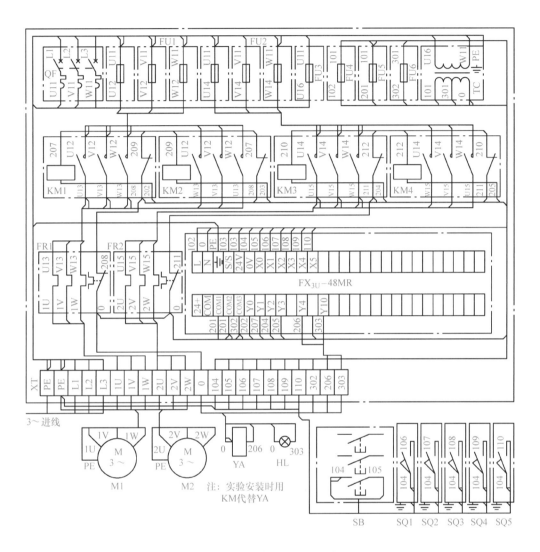

图 8-8　大小球分类传送控制系统参考接线图

（2）固定元器件　按照绘制的接线图，参考如图 8-9 所示安装板固定元件。

（3）配线安装　根据配线原则及工艺要求，对照绘制的接线图进行配线安装。

1）板上元件的配线安装。

2）外围设备的配线安装。

（4）自检

1）检查布线。对照接线图检查是否掉线、错线，是否漏编、错编，接线是否牢固等。

2）使用万用表检测。按表 8-7，使用万用表检测安装的电路，如测量阻值与正确阻值不符，应根据线路图检查是否有错线、掉线、错位、短路等。

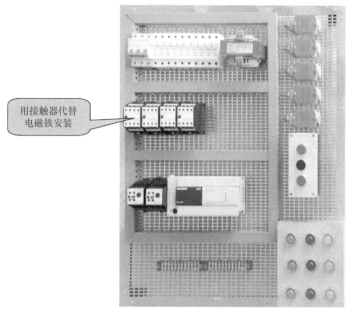

图 8-9　大小球分类传送控制系统安装板

表 8-7　万用表的检测过程

序号	检测任务	操作方法		正确阻值	测量阻值	备注
1	检测主电路	合上 QF，断开 FU3 后分别测量 XT 的 L1 与 L2、L2 与 L3、L3 与 L1 之间的阻值	常态时，不动作任何元件	均为∞		
2			压下 KM1	均为电动机 M1 两相定子绕组的阻值之和		
3			压下 KM2			
4			压下 KM3	均为电动机 M2 两相定子绕组的阻值之和		
5			压下 KM4			
6		接通 FU3，测量 XT 的 L1 和 L3 之间的阻值		TC 一次绕组的阻值		
7	检测 PLC 输入电路	测量 PLC 的电源输入端子 L 与 N 之间的阻值		约为 TC 二次绕组的阻值		220V 二次绕组
8		测量电源输入端子 L 与公共端子 0V 之间的阻值		∞		
9		常态时，测量所用输入点 X 与公共端子 0V 之间的阻值		均约为几千欧至几十千欧		
10		逐一动作输入设备，测量其对应的输入点 X 与公共端子 0V 之间的阻值		均约为 0Ω		

（续）

序号	检测任务	操作方法	正确阻值	测量阻值	备注
11	检测 PLC 输出电路	测量 Y0、Y1、Y2、Y3 与 COM1 之间的阻值	均为 TC 二次绕组与 KM 线圈的阻值之和		220V 二次绕组
12		测量 Y4 与 COM2 之间的阻值	TC 二次绕组与 YA 的阻值之和		
13		测量 Y10 与 COM3 之间的阻值	TC 二次绕组与 HL 的阻值之和		24V 二次绕组
14	检测完毕，断开 QF				

（5）通电观察 PLC 的指示 LED　经自检，确认电路正确且无安全隐患后，在教师监护下，按表 8-8，通电观察 PLC 的指示 LED 并做好记录。

表 8-8　指示 LED 工作情况记录表

步骤	操作内容	LED	正确结果	观察结果	备注
1	先插上电源插头，再合上断路器	POWER	点亮		已通电，注意安全
		所有 IN	均不亮		
2	RUN/STOP 开关拨至"RUN"位置	RUN	点亮		
3	RUN/STOP 开关拨至"STOP"位置	RUN	熄灭		
4	按下 SB	IN0	点亮		
5	动作 SQ1	IN1	点亮		
6	动作 SQ2	IN2	点亮		
7	动作 SQ3	IN3	点亮		
8	动作 SQ4	IN4	点亮		
9	动作 SQ5	IN5	点亮		
10	⚠ 拉下断路器后，拔下电源插头	POWER	熄灭		已断电，做了吗?

3. 输入指令表

启动 GX Developer 编程软件，输入指令见表 8-5。

（1）启动 GX Developer 编程软件

（2）创建新文件，选择 PLC 类型为 FX$_{3U}$

（3）输入指令

1）如图 8-10 所示，执行［视图］→［指令表］命令，将视图切换至指令表窗口。

2）用键盘输入指令。如图 8-11 所示，在光标处直接用键盘输入"LD└┘M8002"，回车确认即可。其他指令输入方法相同。

（4）保存文件　将文件赋名为"项目 8 – 1. pmw"后确认保存。

4. 通电调试、监控系统

（1）连接计算机与 PLC　用 SC – 09 编程线缆连接计算机 COM1 串行口与 PLC 的编程接口。

（2）写入程序

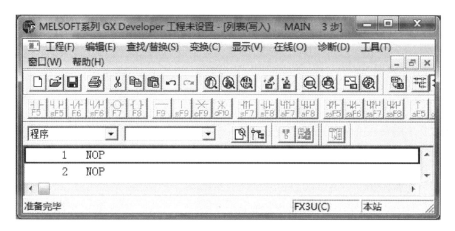

图 8-10　指令表窗口

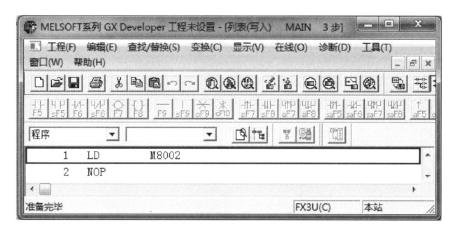

图 8-11　用键盘输入指令时的窗口

1）接通系统电源，将 PLC 的 RUN/STOP 开关拨至"STOP"位置。

2）进行端口设置后，将程序"项目 8 - 1. pmw"写入 PLC。

（3）调试系统　将 PLC 的 RUN/STOP 开关拨至"RUN"位置后，按表 8-9 操作，观察系统的运行情况并做好记录。如出现故障，应立即切断电源、分析原因、检查电路或梯形图后重新调试，直至系统实现功能。

表 8-9　系统运行情况记录表

操作步骤	操作内容	观察内容				备注
		指示 LED		输出设备		
		正确结果	观察结果	正确结果	观察结果	
1	同 时 动 作 SQ3、SQ1	OUT10 点亮		HL 点亮		在原位
2	按下 SB，在 2s 内动作 SQ2	OUT10 熄灭		HL 熄灭		吸住小球
		OUT1 点亮		KM2 吸合、M1 反转		

（续）

操作步骤	操作内容	观察内容				备注
		指示 LED		输出设备		
		正确结果	观察结果	正确结果	观察结果	
3	2s 到	OUT1 熄灭		KM2 释放、M1 停转		YA 一直得电，吸住球
		OUT4 点亮		YA 得电		
4	1s 到	OUT0 点亮		KM1 吸合、M1 正转		
5	动作 SQ1	OUT0 熄灭		KM1 释放、M1 停转		
		OUT3 点亮		KM4 吸合、M2 反转		
6	动作 SQ4	OUT3 熄灭		KM4 释放、M2 停转		
		OUT1 点亮		KM2 吸合、M1 反转		
7	动作 SQ2	OUT1 熄灭		KM2 释放、M1 停转		
		OUT4 熄灭		YA 释放		
8	1s 到	OUT0 点亮		KM1 吸合、M1 正转		
9	动作 SQ1	OUT0 熄灭		KM1 释放、M1 停转		
		OUT2 点亮		KM3 吸合、M2 正转		
10	动作 SQ3	OUT2 熄灭		KM3 释放、M2 停转		
		OUT10 点亮		HL 点亮		回到原位
11	按下 SB, 不动作 SQ2	OUT10 熄灭		HL 熄灭		吸住大球
		OUT1 点亮		KM2 吸合、M1 反转		
12	2s 到	OUT1 熄灭		KM2 释放、M1 停转		YA 一直得电，吸住球
		OUT4 点亮		YA 得电		
13	1s 到	OUT0 点亮		KM1 吸合、M1 正转		
14	动作 SQ1	OUT0 熄灭		KM1 释放、M1 停转		
		OUT3 点亮		KM4 吸合、M2 反转		
15	动作 SQ5	OUT3 熄灭		KM4 释放、M2 停转		
		OUT1 点亮		KM2 吸合、M1 反转		
16	动作 SQ2	OUT1 熄灭		KM2 释放、M1 停转		
		OUT4 熄灭		YA 释放		
17	1s 到	OUT0 点亮		KM1 吸合、M1 正转		
18	动作 SQ1	OUT0 熄灭		KM1 释放、M1 停转		
		OUT2 点亮		KM3 吸合、M2 正转		
19	动作 SQ3	OUT2 熄灭		KM3 释放、M2 停转		
		OUT10 点亮		HL 点亮		回到原位

（4）监控梯形图　根据表 8-9，重新运行系统，监控梯形图，重点监控分支状态和汇合状态。

（5）运行结果分析　PLC 能够实现选择性分支流程控制，在分支状态下，不同的转移条件成立时，PLC 执行不同的分支流程。选择性分支编程的方法常应用在多档位控制场合，如手动档、半自动档、全自动档等。

5. 学习梯形图

打开文件"项目8－1. pmw"的梯形图窗口，系统梯形图如图8-12所示。

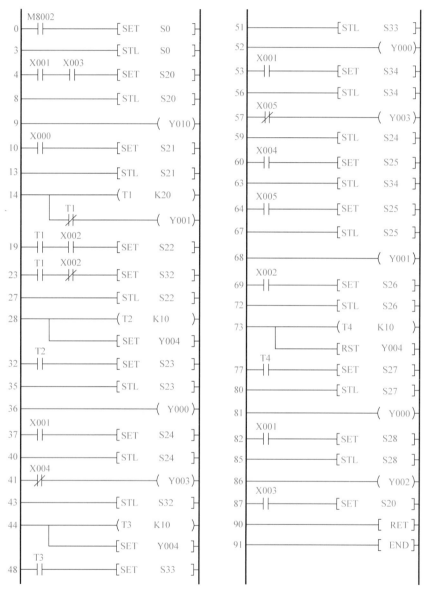

图8-12 系统梯形图

（1）分支状态向下转移的梯形图处理 分支状态 S21 依次向 S22、S32 状态转移，其状态转移图与梯形图的转换过程如图8-13所示。

（2）向汇合状态转移的梯形图处理 S24 状态向汇合状态 S25 转移，S34 状态向汇合状态 S25 转移，其状态转移图与梯形图的转换过程如图8-14所示。

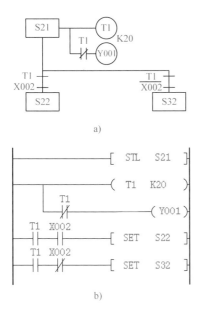

图 8-13 分支状态 S21 的状态转移图与梯形图

a）状态转移图 b）梯形图

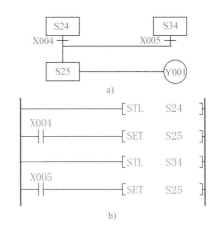

图 8-14 汇合状态 S25 的状态转移图与梯形图

a）状态转移图 b）梯形图

6. 操作要点

1）严格遵守选择性分支的编程原则：先集中处理分支状态，后集中处理汇合状态。

2）在进行汇合前所有状态的驱动处理时，不能遗漏某个分支的中间状态。

3）FX$_{3U}$ 系列 PLC 的状态元件 S 具有掉电保持功能，为了保证正常调试程序，可在程序的开始增编复位程序。

4）通电调试操作必须在教师的监护下进行。

5）训练项目应在规定的时间内完成，同时做到安全操作和文明生产。

▶ 六、质量评价标准

项目质量考核要求及评分标准见表 8-10。

表 8-10 质量评价表

考核项目	考核要求	配分	评分标准	扣分	得分	备注
系统安装	1）会安装元件 2）按图完整、正确及规范接线 3）按照要求编号	30	1）元件松动每处扣 2 分，损坏一处扣 4 分 2）错、漏线每处扣 2 分 3）反圈、压皮、松动每处扣 2 分 4）错、漏编号每处扣 1 分			
编程操作	1）正确绘制状态转移图 2）会建立程序新文件 3）正确输入指令表 4）正确保存文件 5）会传送程序	40	1）绘制状态转移图错误扣 5 分 2）不能建立程序新文件或建立错误扣 4 分 3）输入指令表错误一处扣 2 分 4）保存文件错误扣 4 分 5）传送程序错误扣 4 分			

（续）

考核项目	考核要求	配分	评分标准	扣分	得分	备注
运行操作	1）操作运行系统，分析操作结果 2）会监控梯形图	30	1）系统通电操作错误一步扣3分 2）分析操作结果错误一处扣2分 3）监控梯形图错误一处扣2分			
安全生产	自觉遵守安全文明生产规程		1）每违反一项规定扣3分 2）发生安全事故按0分处理 3）漏接接地线一处扣5分			
时间	4h		提前正确完成，每5min加2分 超过规定时间，每5min扣2分			
开始时间		结束时间		实际时间		

七、拓展与提高

拓展部分

用辅助继电器设计选择性分支的顺序控制程序

与单流程的编程方法相似，选择性分支的顺序功能图如图8-15所示。图中M1与X001动合触点串联的结果为向第一分支转移的条件，M1与X011动合触点串联的结果为向第二分支转移的条件。M3与X003动合触点串联的结果为第一分支向汇合状态转移的条件，M6与X013动合触点串联的结果为第二分支向汇合状态转移的条件，转换后的梯形图如图8-16所示。

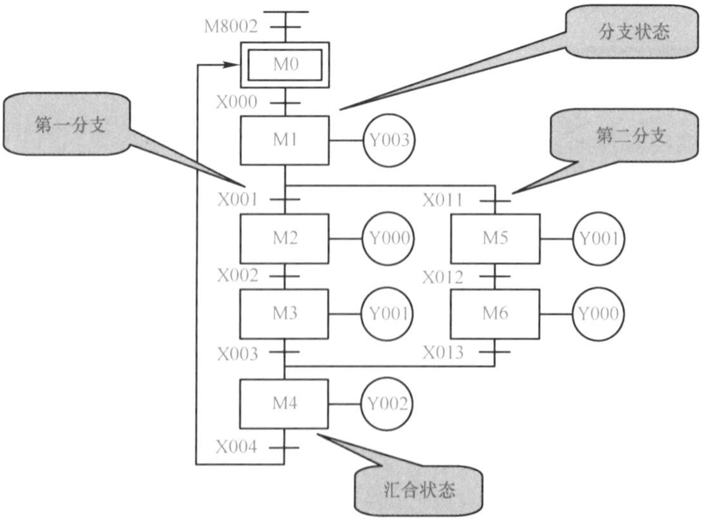

图8-15 顺序功能图

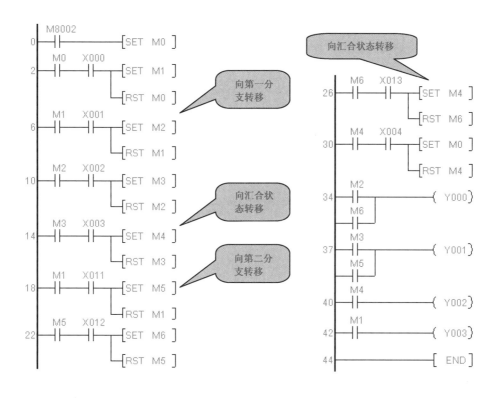

图 8-16　用置位复位指令编制的选择性分支梯形图

习题部分

1. 选择性分支的状态转移图如图 8-17 所示，请画出其相应的梯形图，并写出指令语句表。

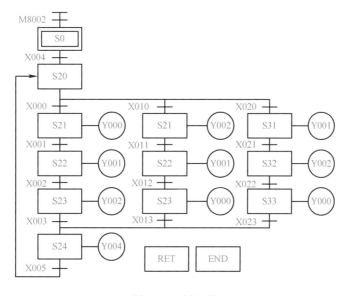

图 8-17　题 1 图

2. 设计流水线送料小车控制系统。系统控制要求如下：

（1）如图 8-18 所示，当按下按钮 SB1 后，小车由 SQ1 处前进到 SQ2 处停 5s，再后退至 SQ1 处停止。

（2）当按下按钮 SB2 后，小车由 SQ1 处前进至 SQ3 处停 5s，再后退至 SQ1 处停止。

（3）具有必要的短路保护和过载保护。

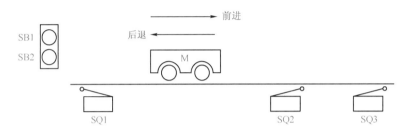

图 8-18　题 2 图

3. 设计小车送料控制系统。设计要求如下：

如图 8-19 所示，系统有两种工作方式：单周期执行和自动循环工作方式。小车原位在 SQ1 处，SA 打在自动单周期档时，按下起动按钮 SB，小车前进。当运行到料斗下方时，限位开关 SQ2 动作，此时打开料斗门给小车加料，延时 30s 后，小车后退返回。当返回至 SQ1 处，小车停止，打开小车底门卸料，20s 后结束。若 SA 打在自动循环档，小车完成上述单周期动作后，自动循环上述操作。

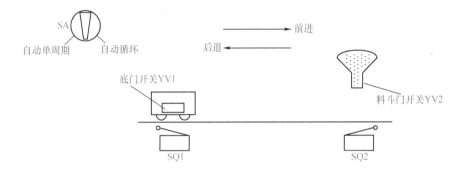

图 8-19　题 3 图

项目九

人行横道与车道灯控制

一、学习目标

1）识读并行分支状态转移图，学会并行分支状态编程的方法。
2）独立完成人行横道与车道灯控制系统的安装、调试与监控。

二、学习任务

1. 项目任务

本项目任务是安装与调试人行横道与车道灯 PLC 控制系统。系统控制要求如下：

无人过马路时，车道常开绿灯，人行横道开红灯。若有人过马路，按下 SB1 或 SB2，交通灯的变化如图 9-1 所示。

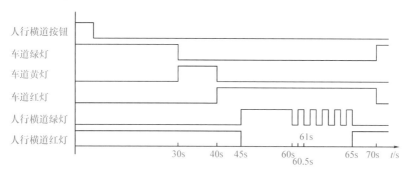

图 9-1　人行横道与车道灯控制时序图

2. 任务流程图

本项目的任务流程如图 9-2 所示。

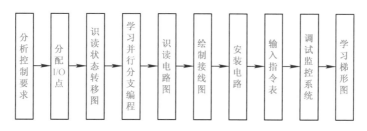

图 9-2　任务流程图

▶ 三、环境设备

学习所需工具、设备见表9-1。

表9-1 工具、设备清单

序号	分类	名称	型号规格	数量	单位	备注
1	工具	常用电工工具		1	套	
2		万用表	MF47	1	只	
3	设备	PLC	$FX_{3U}-48MR$	1	台	
4		小型两极断路器	DZ47-63	1	个	
5		控制变压器	BK100，380V/220V、24V	1	个	
6		三相电源插头	16A	1	个	
7		熔断器底座	RT18-32	3	个	
8		熔管	2A	3	只	
9		按钮	LA38/203	1	个	
10		指示灯	24V	6	个	
11		端子板	TB-1512L	2	个	
12		安装铁板	600mm×700mm	1	块	
13		导轨	35mm	0.5	m	
14		走线槽	TC3025	若干	m	
15	消耗材料	铜导线	$BVR-1.5mm^2$	2	m	双色
16			$BVR-1.0mm^2$	5	m	
17		紧固件	M4×20mm 螺钉	若干	只	
18			M4 螺母	若干	只	
19			ϕ4mm 垫圈	若干	只	
20		编码管	ϕ1.5mm	若干	m	
21		编码笔	小号	1	支	

▶ 四、背景知识

简单分析人行横道与车道灯控制时序图，按下按钮后，车道灯和人行横道灯并行工作，其工作周期都是70s。条件成立时，两个工作流程同时开始，同时结束，属于并行分支。下面结合人行横道与车道灯控制系统，学习并行分支的编程方法，完成对交通信号灯的控制任务。

1. 分析控制要求，确定输入输出设备

（1）分析控制要求　分析系统时序图，将工作过程进行分解，其流程如图9-3所示。

（2）确定输入设备　系统的输入设备为2只按钮，PLC需用2个输入点分别与它们的动合触点相连。

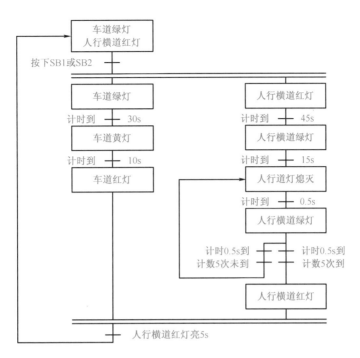

图 9-3 人行横道与车道灯控制系统工作流程图

（3）确定输出设备 由时序图可知，系统的输出设备有5只交通灯，PLC需用5个输出点分别驱动控制它们。

2. I/O 点分配

根据确定的输入/输出设备及输入/输出点数分配 I/O 点，见表9-2。

表 9-2 输入/输出设备及 I/O 点分配表

输入			输出		
元件代号	功能	输入点	元件代号	功能	输出点
SB1	起动	X0	HL1	车道绿灯	Y0
SB2	起动	X1	HL2	车道黄灯	Y1
			HL3	车道红灯	Y2
			HL4	人行横道绿灯	Y3
			HL5	人行横道红灯	Y4

3. 系统状态转移图

根据工作流程图与状态转移图的转换方法，将图 9-3 转换成状态转移图，如图 9-4 所示。

4. 并行分支的状态编程

（1）并行分支状态转移图的特点 如图 9-4 所示为并行分支状态转移图，它具有以下三个特点：

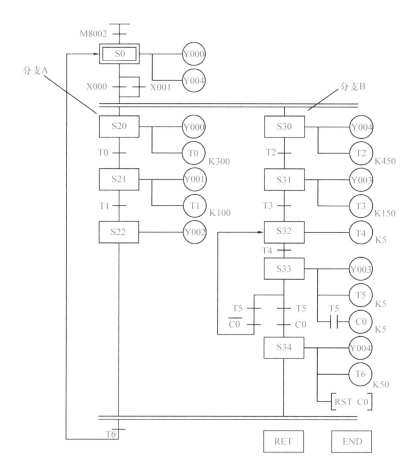

图 9-4　人行横道与车道灯控制系统状态转移图

1）状态转移图有两个或两个以上分支。分支 A 为车道灯工作流程，分支 B 为人行横道灯工作流程。

2）S0 为分支状态。S0 状态是分支流程的起点，称为分支状态。

在分支状态 S0 下，共用的转移条件 X000 成立时，同时向两个分支流程转移。如图 9-4 所示，X000 或 X001 为 ON 时，同时执行分支 A 和分支 B。

3）S0 为汇合状态。如图 9-4 所示，S0 状态也是分支流程的汇合点，又称为汇合状态。

S0 汇合状态必须在分支流程全部执行完毕后，当转移条件成立时才被激活。分支流程全部执行结束，即 S22 状态和 S34 状态都被激活，当 T6 为 ON 时，S0 开启。若其中某一分支没有执行完毕，即使转移条件成立，也不能向汇合状态转移。

（2）并行分支状态转移图的编程原则　先集中处理分支状态，再集中处理汇合状态。如图 9-4 所示，先进行分支状态 S0 的编程，再进行汇合状态 S0 的编程。

1）S0 分支状态的编程。分支状态的编程方法：先进行分支状态的驱动处理，再依次转移。以图 9-5 为例，运用此方法，编写分支状态 S0 的程序，编程指令表见表 9-3。

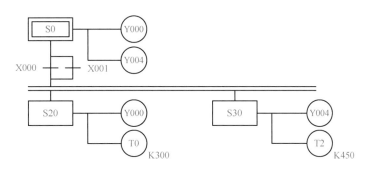

图9-5 分支状态 S0 的状态转移图

表9-3 分支状态 S0 的编程指令表

编程步骤	指令	元件号	指令功能	备注
第一步：分支状态的驱动处理	STL	S0	激活分支状态 S0	
	OUT	Y000	驱动处理	
	OUT	Y004		
第二步：依次进行转移处理	LD	X000	分支转移条件	同一个转移条件，两个转移方向
	OR	X001		
	SET	S20	向第一分支转移	
	SET	S30	向第二分支转移	

2）S0 汇合状态的编程。汇合状态的编程方法：先依次进行汇合前的所有状态的驱动处理，再依次向汇合状态转移。以图9-6 为例，运用此方法，编写汇合状态 S0 的程序，编程指令表见表9-4。

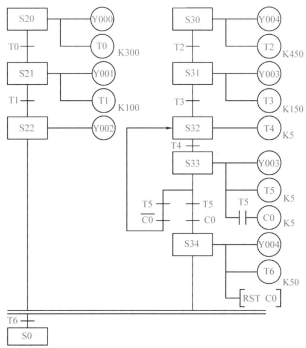

图9-6 汇合状态 S0 的状态转移图

表 9-4 汇合状态 S0 的编程指令表

编程步骤		指令	元件号	指令功能	备注
第一步：依次进行汇合前的所有状态的驱动处理	第一分支	STL	S20	激活 S20 状态	S20 状态的驱动处理
		OUT	Y000	S20 状态驱动	
		OUT	T0　K300		
		LD	T0	转移条件	
		SET	S21	转移方向	
		STL	S21	激活 S21 状态	S21 状态的驱动处理
		OUT	Y001	驱动负载	
		OUT	T1　K100		
		LD	T1	转移条件	
		SET	S22	转移方向	
		STL	S22	激活 S22 状态	S22 状态的只驱动，不转移
		OUT	Y002	驱动负载	
	第二分支	STL	S30	激活 S30 状态	S30 状态的驱动处理
		OUT	Y004	驱动负载	
		OUT	T2　K450		
		LD	T2	转移条件	
		SET	S31	转移方向	
		STL	S31	激活 S31 状态	S31 状态的驱动处理
		OUT	Y003	驱动负载	
		OUT	T3　K150		
		LD	T3	转移条件	
		SET	S32	转移方向	
		STL	S32	激活 S32 状态	S32 状态的驱动处理
		OUT	T4　K5	驱动负载	
		LD	T4	转移条件	
		SET	S33	转移方向	
		STL	S33	激活 S33 状态	S33 状态的驱动处理
		OUT	Y003	驱动负载	
		OUT	T5　K5		
		LD	T5		
		OUT	C0　K5		
		LD	T5	转移条件	
		ANI	C0		
		SET	S32	转移方向	
		LD	T5	转移条件	
		AND	C0		
		SET	S34	转移方向	
		STL	S34	激活 S34 状态	S34 状态的只驱动，不转移
		OUT	Y004	驱动负载	
		OUT	T6　K50		
		RST	C0		

（续）

编程步骤	指令	元件号	指令功能	备注
	STL	S22	再次激活 S22 状态	
第二步：依次向汇合状态转移	STL	S34	再次激活 S34 状态	依次串联步进接点，两个分支同时向汇合状态转移
	LD	T6	转移条件	
	SET	S0	方向是汇合状态 S0	
	RST	C0		

（3）系统指令表　根据单流程的编程方法和并行分支的编程方法，对照如图 9-4 所示状态转移图，写出系统指令表，见表 9-5。

表 9-5　系统指令表

程序步	指令	元件号	程序步	指令	元件号
0	LD	M8002	40	OUT	T3　K150
1	SET	S0	43	LD	T3
3	STL	S0	44	SET	S32
4	OUT	Y000	46	STL	S32
5	OUT	Y004	47	OUT	T4　K5
6	LD	X000	50	LD	T004
7	OR	X001	51	SET	S33
8	SET	S20	53	STL	S33
10	SET	S30	54	OUT	Y003
12	STL	S20	55	OUT	T5　K5
13	OUT	Y000	58	LD	T5
14	OUT	T0　K300	59	OUT	C0　K5
17	LD	T0	62	LD	T5
18	SET	S21	63	ANI	C0
20	STL	S21	64	SET	S32
21	OUT	Y1	66	LD	T5
22	OUT	T1　K100	67	AND	C0
25	LD	T1	68	SET	S34
26	SET	S22	70	STL	S34
28	STL	S22	71	OUT	Y004
29	OUT	Y002	72	OUT	T6　K50
30	STL	S30	75	RST	C0
31	OUT	Y004	76	STL	S22
32	OUT	T2　K450	77	STL	S34
35	LD	T2	78	LD	T6
36	SET	S31	79	SET	S0
38	STL	S31	81	RET	
39	OUT	Y003	82	END	

5. 系统电路图

如图9-7所示为人行横道与车道灯控制系统电路图，其电路组成及元件功能见表9-6。

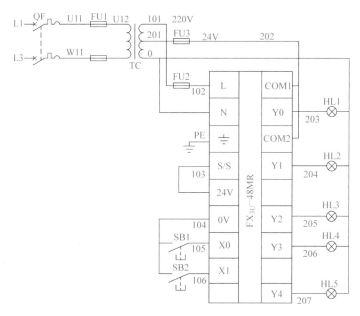

图9-7 人行横道与车道灯控制系统电路图

表9-6 电路组成及元件功能

序号	电路名称		电路组成	元件功能	备注
1	电源电路		QF	电源开关	
2			FU1	用作变压器短路保护	
3			TC	给 PLC 及 PLC 输出设备提供电源	
4			FU2	用作 PLC 输出电路短路保护	
5	控制电路	PLC 输入电路	FU2	用作 PLC 电源电路短路保护	
6			SB1	起动	
7			SB2	起动	
8		PLC 输出电路	FU3	用作 PLC 输出电路短路保护	
9			HL1	车道绿灯	
10			HL2	车道黄灯	
11			HL3	车道红灯	
12			HL4	人行横道绿灯	
13			HL5	人行横道黄灯	

▶ 五、操作指导

1. 绘制接线图

根据如图9-7所示电路绘制接线图，参考接线图如图9-8所示。

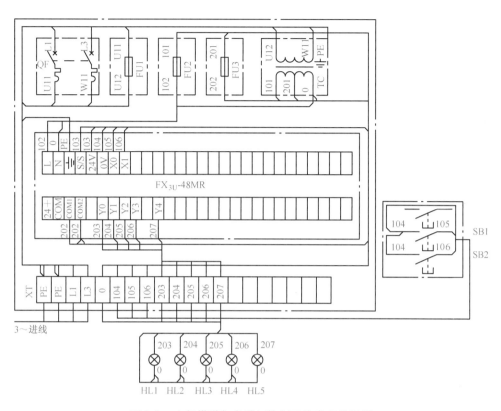

图 9-8　人行横道与车道灯控制系统参考接线图

2. 安装电路

（1）检查元器件　根据表 9-1 配齐元器件，检查元件的规格是否符合要求，检测元件的质量是否完好。

（2）固定元器件　按照绘制的接线图，参考如图 9-9 所示安装板固定元件。

（3）配线安装　根据配线原则及工艺要求，对照绘制的接线图进行配线安装。

1）板上元件的配线安装。

2）外围设备的配线安装。

（4）自检

1）检查布线。对照接线图检查是否掉线、错线，是否漏编、错编，接线是否牢固等。

2）使用万用表检测。按表 9-7 的检测过程使用万用表检测安装的电路，如测量阻值与正确阻值不符，应根据接线图检查是否有错线、掉线、错位、短路等。

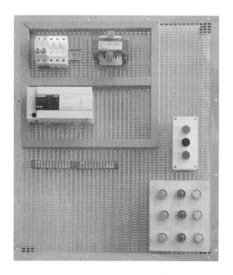

图 9-9　人行横道与车道灯控制系统安装板

表9-7 万用表的检测过程

序号	检测任务	操作方法	正确阻值	测量阻值	备注
1	检测电源电路	合上QF后测量XT的L1和L3之间的阻值	TC一次绕组的阻值		
2	检测PLC输入电路	测量PLC的电源输入端子L与N之间的阻值	约为TC二次绕组的阻值		220V二次绕组
3		测量电源输入端子L与公共端子0V之间的阻值	∞		
4		常态时,测量所用输入点X与公共端子0V之间的阻值	均约为几千欧至几十千欧		
5		逐一动作输入设备,测量其对应的输入点X与公共端子0V之间的阻值	均约为0Ω		
6	检测PLC输出电路	测量输出点Y0、Y1、Y2、Y3与公共端子COM1之间的阻值	均为TC二次绕组与HL的阻值之和		24V二次绕组
7		测量输出点Y4与COM2之间的阻值			
8	检测完毕,断开QF				

(5)通电观察PLC的指示LED 经自检,确认电路正确和无安全隐患后,在教师监护下,按照表9-8,通电观察PLC的指示LED并做好记录。

表9-8 指示LED工作情况记录表

步骤	操作内容	LED	正确结果	观察结果	备注
1	先插上电源插头,再合上断路器	POWER	点亮		已通电,注意安全
		所有IN	均不亮		
2	RUN/STOP开关拨至"RUN"位置	RUN	点亮		
3	RUN/STOP开关拨至"STOP"位置	RUN	熄灭		
4	按下SB1	IN0	点亮		
5	按下SB2	IN1	点亮		
6	⚠ 拉下断路器后,拔下电源插头	POWER	熄灭		已断电,做了吗?

3. 输入指令表

启动GX Developer编程软件,输入指令见表9-5。

1)启动GX Developer编程软件。

2)创建新文件,选择PLC类型为FX_{3U}。

3)打开指令表窗口后,用键盘输入指令。

4)保存文件。将文件赋名为"项目9-1.pmw"后确认保存。

4. 通电调试、监控系统

(1)连接计算机与PLC 用SC-09编程线缆连接计算机COM1串行口与PLC的编程接口。

（2）写入程序

1）接通系统电源，将 PLC 的 RUN/STOP 开关拨至"STOP"位置。

2）进行端口设置后，将程序"项目 9 – 1. pmw"写入 PLC。

（3）调试系统　将 PLC 的 RUN/STOP 开关拨至"RUN"位置后，按表9-9操作，观察系统的运行情况并做好记录。如出现故障，应立即切断电源、分析原因、检查电路或梯形图后重新调试，直至系统实现功能。

表 9-9　系统运行情况记录表

操作步骤	操作内容	观察内容				备　注
		指示 LED		输出设备		
		正确结果	观察结果	正确结果	观察结果	
1	RUN/STOP 开关拨至"RUN"位置	OUT0 点亮		HL1 点亮		
		OUT4 点亮		HL5 点亮		
2	按下 SB1 或 SB2	OUT0 点亮		HL1 点亮		
		OUT4 点亮		HL5 点亮		
3	30s 到	OUT0 熄灭		HL1 熄灭		
		OUT4 点亮		HL5 点亮		
		OUT1 点亮		HL2 点亮		
4	40s 到	OUT1 熄灭		HL2 熄灭		
		OUT4 点亮		HL5 点亮		
		OUT2 点亮		HL3 点亮		
5	45s 到	OUT4 熄灭		HL5 熄灭		
		OUT2 点亮		HL3 点亮		
		OUT3 点亮		HL4 点亮		
6	60s 到	OUT2 点亮		HL3 点亮		
		OUT3 熄灭		HL4 熄灭		
7	65.5s 到	OUT2 点亮		HL3 点亮		
		OUT3 点亮		HL4 点亮		
8	66s 到	OUT2 点亮		HL3 点亮		
		OUT3 熄灭		HL4 熄灭		
9	HL4 闪烁 5 次后	OUT2 点亮		HL3 点亮		
		OUT3 熄灭		HL4 熄灭		
		OUT4 点亮		HL5 点亮		
10	70s 到	OUT0 点亮		HL1 点亮		
		OUT4 点亮		HL5 点亮		
11	进入下一个循环，等待行人按按钮					

（4）监控梯形图　根据表9-9，重新运行系统，监控梯形图，重点监控分支状态和汇合状态。

（5）运行结果分析　PLC 能够实现并行分支流程控制。在分支状态下，当转移条件成立时，PLC 同时执行并行分支流程；当所有分支执行完毕，转移条件成立时才向汇合状态转移。

5. 学习梯形图

打开文件"项目 9 – 1. pmw"的梯形图窗口，系统梯形图如图 9-10 所示。

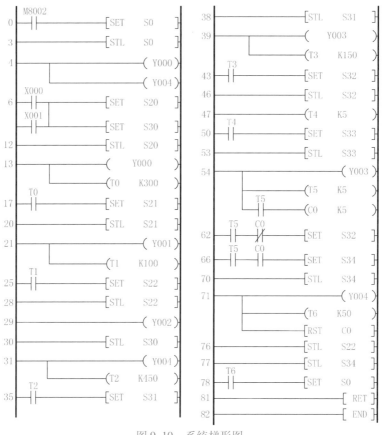

图 9-10 系统梯形图

（1）分支状态转移的梯形图处理　分支状态 S0 依次向 S20、S30 状态转移，其状态转移图与梯形图的转换过程如图 9-11 所示。

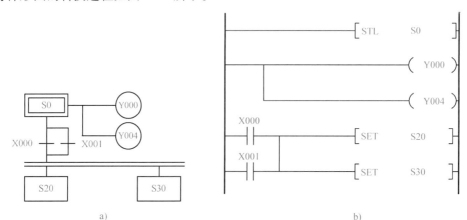

a)　　　　　　　　　　　　　　　b)

图 9-11 分支状态 S0 的状态转移图与梯形图

a）状态转移图　b）梯形图

（2）向汇合状态转移的梯形图处理   再次激活状态 S22 和 S34，将状态接点串联后，向汇合状态 S0 转移，其状态转移图与梯形图的转换过程如图 9-12 所示。

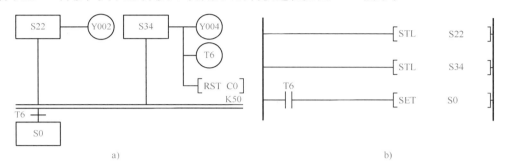

图 9-12   汇合状态 S0 的状态转移图与梯形图
a）状态转移图   b）梯形图

6. 操作要点

1）严格遵守并行分支的编程原则：先集中处理分支状态，后集中处理汇合状态。

2）在进行汇合前所有状态的驱动处理时，不能遗漏某个分支的中间状态。

3）FX$_{3U}$ 系列 PLC 的状态元件 S 具有掉电保持功能，为了保证正常调试程序，可在程序的开始增编复位程序。

4）通电调试操作必须在教师的监护下进行。

5）训练项目应在规定的时间内完成，同时做到安全操作和文明生产。

▶ 六、质量评价标准

项目质量考核要求及评分标准见表 9-10。

表 9-10   质量评价表

考核项目	考核要求	配分	评分标准	扣分	得分	备注
系统安装	1）会安装元件 2）按图完整、正确及规范接线 3）按照要求编号	30	1）元件松动每处扣2分，损坏一处扣4分 2）错、漏线每处扣2分 3）反圈、压皮、松动每处扣2分 4）错、漏编号每处扣1分			
编程操作	1）正确绘制状态转移图 2）会建立程序新文件 3）正确输入指令表 4）正确保存文件 5）会传送程序	40	1）绘制状态转移图错误扣5分 2）不能建立程序新文件或建立错误扣4分 3）输入指令表错误一处扣2分 4）保存文件错误扣4分 5）传送程序错误扣4分			
运行操作	1）操作运行系统，分析操作结果 2）会监控梯形图	30	1）系统通电操作错误一步扣3分 2）分析操作结果错误一处扣2分 3）监控梯形图错误一处扣2分			

（续）

考核项目	考核要求	配分	评分标准	扣分	得分	备注
安全生产	自觉遵守安全文明生产规程		1）每违反一项规定扣3分 2）发生安全事故按0分处理 3）漏接接地线一处扣5分			
时间	3h		提前正确完成，每5min加2分 超过规定时间，每5min扣2分			
开始时间		结束时间		实际时间		

七、拓展与提高

拓展部分

用辅助继电器设计并行分支的顺序控制程序

与单流程的编程方法相似，并行分支的顺序功能图如图9-13所示。图中M0与X000动合触点串联的结果为向各分支流程转移的条件。M2、M5与X002动合触点串联的结果为分支流程向汇合状态转移的条件，转换后的梯形图如图9-14所示。

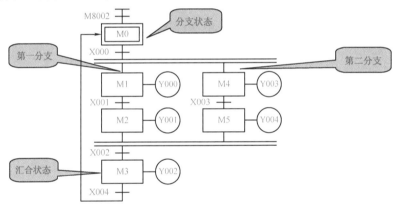

图9-13　顺序功能图

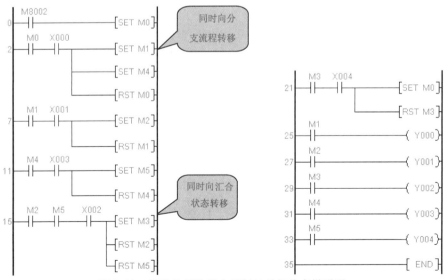

图9-14　用置位复位指令编制的并行分支梯形图

习题部分

1. 并行分支状态转移图如图 9-15 所示，请画出其相应的梯形图，并写出指令语句。

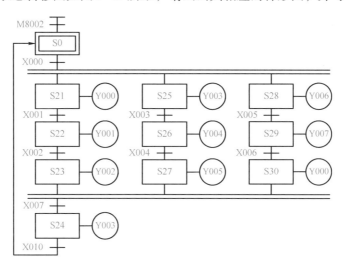

图 9-15　题 1 图

2. 用 PLC 控制 4 台电动机，其控制要求如下：

4 台电动机的动作时序如图 9-16 所示，系统的动作周期是 34s。系统起动后，M1 先起动，工作 24s 停止；M2 在 10s 后起动，工作 16s 停止；M3 也是 10s 后起动，工作 5s 停止；M4 则是 15s 后起动，工作 15s 停止。一个周期后，系统自动循环工作。

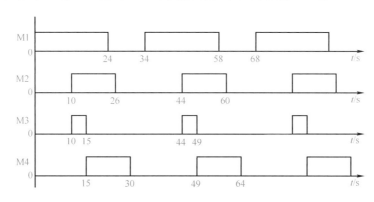

图 9-16　题 2 图

3. 设计组合机床动力头控制程序。控制要求如下：

某组合机床工作时需要同时完成两套动作，它的两个动力头由液压电磁阀控制，其动作过程及对应执行元件的状态如图 9-17 所示。

4. 设计咖啡机加糖控制程序。控制要求如下：

（1）按下按钮 SB1，咖啡机执行一次加糖动作。

（2）操作面板上的按钮选择咖啡机加糖的量。按钮 SB2 为不加糖，按钮 SB3 为加 1 份糖，按钮 SB4 为加 2 份糖。

动作	执行元件			
	YV1	YV2	YV3	YV4
快进	−	+	+	−
一次工进	+	+	−	−
二次工进	−	+	+	+
快退	+	−	+	−

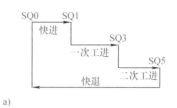

a)

动作	执行元件		
	YV5	YV6	YV7
快进	+	+	−
工进	+	−	+
快退	−	+	+

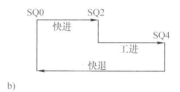

b)

图 9-17   题 3 图

a) 1 号动力头   b) 2 号动力头

注: "+"表示动作, "−"表示释放。

项目十

电动机的丫-△减压起动控制

一、学习目标

1）学会使用位组合元件、通用型数据寄存器 D 和 MOV 传送指令。

2）独立完成电动机的丫-△减压起动控制系统的安装、调试与监控。

二、学习任务

1. 项目任务

本项目的任务是安装与调试电动机丫-△减压起动 PLC 控制系统。系统控制要求如下：

（1）减压起动　按下起动按钮 SB1，电动机的定子绕组采用丫联结减压起动；6s 后，电动机断开电源，丫联结起动结束。

（2）全压运行　丫联结起动结束 1s 后，电动机的定子绕组采用△联结全压运行。

（3）停止控制　按下停止按钮 SB2，电动机停止运行。

（4）保护措施　系统具有必要的过载保护和短路保护。

2. 任务流程图

本项目的具体任务流程如图 10-1 所示。

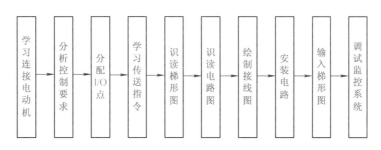

图 10-1　任务流程图

三、环境设备

学习所需工具、设备见表 10-1。

表 10-1　工具、设备清单

序号	分类	名称	型号规格	数量	单位	备注
1	工具	常用电工工具		1	套	
2		万用表	MF47	1	只	
3	设备	PLC	FX$_{3U}$－48MR	1	台	
4		小型三极断路器	DZ47－63	1	个	
5		控制变压器	BK100，380V/220V	1	个	
6		三相电源插头	25A	1	个	
7		熔断器底座	RT18－32	6	个	
8		熔管	2A	3	只	
9			20A	3	只	
10		热继电器	NR4－63	1	个	
11		交流接触器	CJX1－12/22，220V	3	个	
12		按钮	LA38/203	1	个	
13		三相笼型异步电动机	380V，7.5kW，△联结	1	台	
14		端子板	TB－1512L	2	个	
15		安装铁板	600mm×700mm	1	块	
16		导轨	35mm	0.5	m	
17		走线槽	TC3025	若干	m	
18	消耗材料	铜导线	BVR－1.5mm^2	5	m	
19			BVR－1.5mm^2	3	m	双色
20			BVR－1.0mm^2	5	m	
21		紧固件	M4×20mm 螺钉	若干	只	
22			M4 螺母	若干	只	
23			ϕ4mm 垫圈	若干	只	
24		编码管	ϕ1.5mm	若干	m	
25		编码笔	小号	1	支	

▶ 四、背景知识

由项目任务可知，丫－△减压起动是指电动机定子绕组先采用丫联结起动，起动后再采用△联结运行，如何将电动机的定子绕组接成丫联结或△联结成为实施任务的关键。

1. 电动机的丫－△联结

（1）电动机的铭牌　如图 10-2 所示，电动机的额定功率为 7.5kW、额定电流为 15.7A、额定转速为 1440r/min、额定电压为 380V、额定工作状态下的接法为△联结。

（2）定子绕组的丫联结　电动机的丫联结如图 10-3 所示，将 U2、V2、W2 短接，将 U1、V1、W1 接三相电源 L1、L2、L3，同时将电动机外壳接 PE。

（3）定子绕组的△联结　电动机的△联结如图 10-4 所示，将 U1 与 W2、V1 与 U2、W1

三相异步电动机			
型号 Y2-132S-4		功率 7.5kW	电流 15.7A
频率 50Hz	电压 380V	接法 △	转速 1440r/min
防护等级 IP44	重量 68kg	工作制 SI	F级绝缘
××电机厂			

图 10-2　三相异步电动机的铭牌

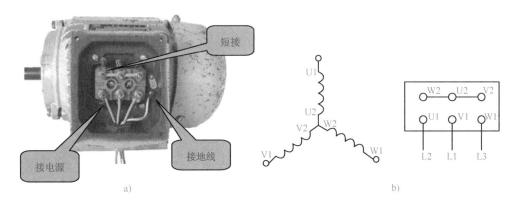

图 10-3　三相异步电动机定子绕组的丫联结
a) 定子绕组丫联结　b) 定子绕组丫联结示意图

与 V2 短接，将 U1、V1、W1 接三相电源 L1、L2、L3。

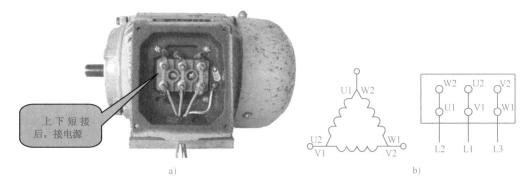

图 10-4　三相异步电动机定子绕组的△联结
a) 定子绕组△联结　b) 定子绕组△联结示意图

对于额定电压为 380V 的电动机，当其定子绕组采用丫联结时，各相定子绕组的电压为 220V；当定子绕组采用△联结时，各相定子绕组的电压为 380V，丫联结起动电压为△联结起动的 $1/\sqrt{3}$，根据三相对称负载电压与电流的关系，可计算得到丫联结起动电流为△联结起动电流的 $1/\sqrt{3}$，所以采用丫－△降压起动方式能大大减小电动机的起动电流。

2. 分析控制要求，确定输入输出设备

（1）分析控制要求 分析系统控制要求，主要有四点：

1）按下起动按钮，丫联结接触器与电源引入接触器吸合，电动机得电丫联结起动。

2）6s后，电动机丫联结起动完毕，丫联结接触器与电源引入接触器释放。

3）又经1s后，△联结接触器与电源引入接触器吸合，电动机得电全压运行。

4）按下停止按钮（或过载），所有接触器释放，电动机停止。

（2）确定输入设备　根据上述分析，系统有3个输入信号：起动、停止和过载信号。由此确定，系统的输入设备有2个按钮和1个热继电器，PLC需用3个输入点分别与它们的动合触头相连。

（3）确定输出设备　结合电动机试验情况和控制要求分析，系统需用1只接触器将电动机定子绕组接成丫联结，1只接触器将电动机定子绕组接成△联结，还需用另1只接触器将电源引至电动机定子绕组。由此确定，系统的输出设备有3只接触器，PLC需用3个输出点分别驱动它们。

3. I/O点分配

根据确定的输入输出设备及输入输出点数分配I/O点，见表10-2。

表10-2　输入输出设备及I/O点分配表

输入			输出		
元件代号	功能	输入点	元件代号	功能	输出点
SB1	起动	X0	KM1	电源引入	Y0
SB2	停止	X1	KM2	丫联结	Y1
FR	过载保护	X2	KM3	△联结	Y2

4. 数据类软元件及传送指令

使用基本指令设计程序相对较为复杂，且可读性较差。随着自动控制技术的发展，PLC的功能指令备受用户的青睐，得到广泛应用。所谓功能指令，其实是指能够实现某一特定功能的子程序。下面学习使用数据传送指令完成本项目的控制任务。

（1）位组合元件　位组合元件的表达形式为KnX、KnY、KnM、KnS等，表达式中的n为n组4位数据。如K1X000是指从X000开始的1组4位二进制数据，即X003、X002、X001、X000 4位输入继电器组成的二进制数据。K2M10则是指从M10开始的2组8位二进制数据，即M17～M10 8位辅助继电器的组合。

（2）数据寄存器　数据寄存器是用于存储数据的软元件，其数据内容可以通过指令编程进行读写。数据寄存器为16位存储单元（最高位为符号位），称为"字元件"，用符号D表示。

1）通用型数据寄存器（D0～D199）。三菱FX_{3U}系列PLC共有200个通用型数据寄存器，当写入数据后，若不重新改写，其内容保持不变；当PLC停止运行或外部电源掉电时，其内容被清零，保存的数据丢失。如图10-5所示，当X000为ON时，执行MOV传送指令，D0的内容为十进制常数K10；X000为OFF后，D0的内容仍为K10。当X001为ON时，D0的内容被改写为K20；X001为OFF后，D0的内容保持K20不变。若X000又为ON，则D0的内容又重新改写为K10，当PLC停止运行或外部电源掉电时，D0的内容复位为0。

2）掉电保持型数据寄存器（D200～D7999）。三菱FX_{3U}系列PLC共有7800个掉电保持型数据寄存器，其用法与通用型数据寄存器一样，不同的是当PLC停止运行或外部电源掉电后，其内容仍被保存，数据不会丢失。如图 10-6 所示，D200 的读写情况与图 10-5 中的 D0 一样。区别是，当 PLC 停止运行或外部电源掉电时，D200 的数据被保持，不会丢失，要改变其内容必须重新写入其他数据。

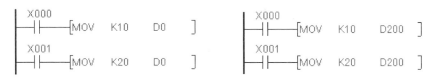

图 10-5　通用型数据寄存器的应用　　　　图 10-6　掉电保持型数据寄存器的应用

（3）MOV 传送指令

1）MOV 传送指令的要素。MOV 传送指令是将源操作数的数据传送到指定的目标操作数，即 ［S·］ → ［D·］，其指令要素见表 10-3。

表 10-3　MOV 指令的要素

指令名称	助记符	操作数范围		程序步
		S（·）	D（·）	
传送	MOV MOV P	K、H、KnX、KnY、 KnM、KnS、T、C、D、V、Z	KnY、KnM、KnS、 T、C、D、V、Z	MOV、MOVP 5 步

2）MOV 传送指令的使用说明。

① 指令的执行形式。指令的执行形式有两种，指令 MOV 为连续执行型，指令在每一个扫描周期都执行；指令 MOVP 为脉冲执行型，仅在条件满足时执行一个扫描周期。

② 操作数。操作数是功能指令的参数，有源操作数和目标操作数两种，源操作数用 S（·）表示，目标操作数用 D（·）表示。

③ 使用说明。如图 10-7 所示，MOV 指令为连续执行型，当 X000 为 ON 时，PLC 在每一个扫描周期都会将源操作数常数 K7 传送到目标操作数 K1Y000 中，即 Y003 Y002 Y001 Y000 = 0111，Y003 为 OFF，Y002、Y001、Y000 均为 ON。当 X000 为 OFF 后，指令不执行，K1Y000 的数据保持不变。

如图 10-8 所示，MOVP 指令为脉冲执行型，在 X002 为 ON 的第一个扫描周期，将源操作数 K1X004 中的数据传送到目标操作数 K1Y000 中。

```
 X000
──┤├────[MOV   K7    K1Y000]
```

```
 X002
──┤├────[MOVP  K1X004 K1Y000]
```

图 10-7　MOV 指令的使用　　　　　　图 10-8　MOVP 指令的使用

3）应用举例。如图 10-9 所示，当 X000 为 ON 时，将常数 K3 传送到 K1Y000 中，Y003 Y002 Y001 Y000 = 0011，Y000 和 Y001 动作；X000 为 OFF 后，K1Y000 中的数据仍为 K3，Y001、Y000 保持接通状态。Y001 动合触点接通，T0 开始计时 1s，时间到将常数 K5 传送到 K1Y000，Y003 Y002 Y001 Y000 = 0101，Y000 和 Y002 动作，Y001 动合触点断开，T0 为 OFF，K1Y000 中的数据保持 K5 不变。当 X001 为 ON 时，K1Y000 清零，输出 Y003、

Y002、Y001、Y000 全部复位断开。

5. 系统梯形图

如图 10-10 所示为系统梯形图，其执行原理如下：

1）丫联结起动。按下按钮 SB1，X000 为 ON，PLC 执行传送指令 "MOVP K3 K1Y000"，Y003 Y002 Y001 Y000 = 0011，Y000 和 Y001 动作，电动机定子绕组采用丫联结起动。电动机起动的同时，定时器 T0 开始计时。

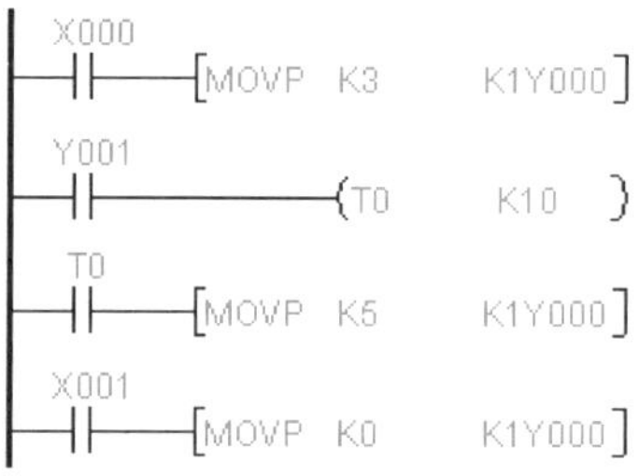

图 10-9 传送指令的应用举例

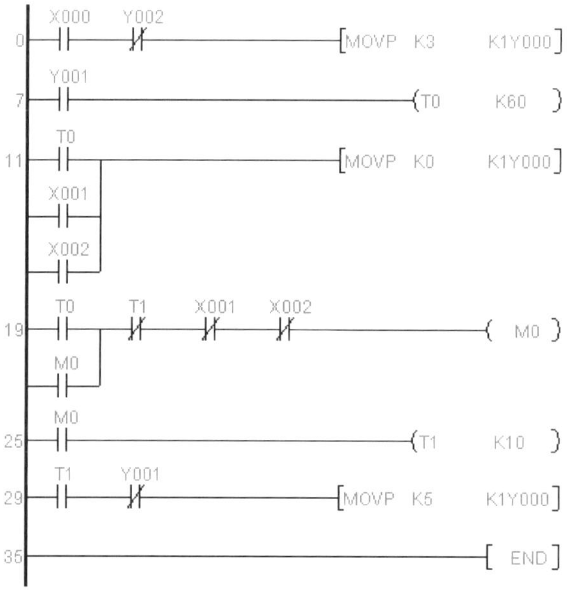

图 10-10 系统梯形图

2）丫联结起动停止。T0 定时 6s 到，PLC 将常数 K0 传送到 K1Y000，Y003 Y002 Y001 Y000 = 0000，所有接触器释放，丫联结起动结束。考虑到接触器在断开大电流瞬间会产生很强的电弧，及它自身动作的滞后性，程序采用定时器 T1 延时控制△联结换接的办法，以防止两者换接瞬间发生相间短路事故。故在丫联结起动完毕，M0 动作保持，定时器 T1 开始计时。

3）△联结全压运行。T1 计时 1s 到，常数 K5 被传送到 K1Y000，Y003 Y002 Y001 Y000 = 0101，Y002 和 Y000 动作，电动机定子绕组采用△联结全压运行。

4）停止与过载保护。按下停止按钮或热继电器过载动作，X001 为 ON 或 X002 为 ON，PLC 将常数 K0 传送到 K1Y000，Y003 Y002 Y001 Y000 = 0000，所有接触器释放，电动机失电停转。

5）联锁保护。用 Y001 与 Y002 的动断触点互相串联在传送指令中实现。

6. 系统电路图

如图 10-11 所示为电动机的丫 –△减压起动控制系统电路图，其电路组成及元件功能见表 10-4。

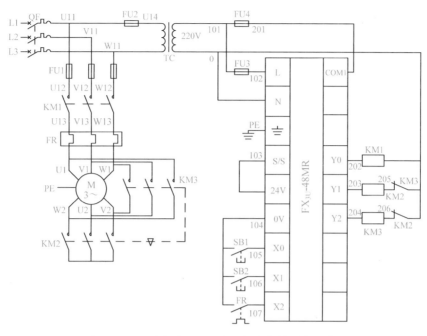

图 10-11　电动机的丫－△减压起动控制系统电路图

表 10-4　电路组成及元件功能

序号	电路名称		电路组成	元件功能	备注
1		电源电路	QF	电源开关	
2			FU2	用作变压器短路保护	
3			TC	给 PLC 及 PLC 输出设备提供电源	
4		主电路	FU1	用作主电路短路保护	
5			KM1 主触头	接入电源	
6			FR 发热元件	过载保护	
7			KM2 主触头	电动机定子绕组连采用丫联结	
8			KM3 主触头	电动机定子绕组连采用△联结	
9			M	电动机	
10	控制电路	PLC 输入电路	FU3	用作 PLC 电源电路短路保护	
11			SB1	起动	
12			SB2	停止	
13		PLC 输出电路	FU4	用作 PLC 输出电路短路保护	
14			KM1 线圈	控制 KM1 的吸合与释放	
15			KM2 线圈	控制 KM2 的吸合与释放	
16			KM3 动断触头	丫联结与△联结联锁保护	
17			KM3 线圈	控制 KM3 的吸合与释放	
18			KM2 动断触头	△联结与丫联结联锁保护	

五、操作指导

1. 绘制接线图

根据如图 10-11 所示电路图绘制接线图，参考接线图如图 10-12 所示。

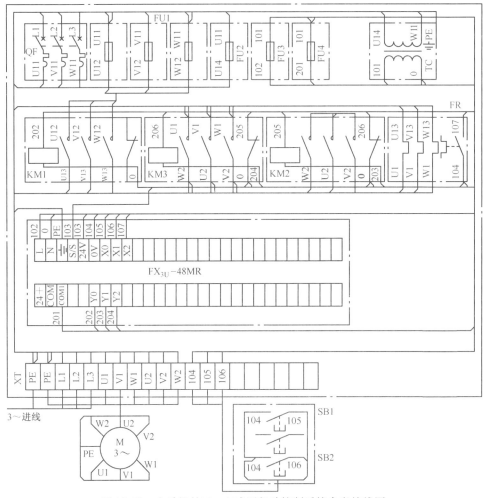

图 10-12　电动机的丫-△减压起动控制系统参考接线图

2. 安装电路

（1）检查元器件　根据表 10-1 配齐元器件，检查元件的规格是否符合要求，检测元件的质量是否完好。

（2）固定元器件　按照绘制的接线图，参考如图 10-13 所示安装板固定元件。

（3）配线安装　根据配线原则及工艺要求，对照绘制的接线图进行配线安装。

1）板上元件的配线安装。

2）外围设备的配线安装。

（4）自检

1）检查布线。对照接线图检查是否掉线、错线，是否漏编、错编，接线是否牢固等。

2）使用万用表检测。按表 10-5 检测过程使用万用表检测安装的电路，如测量阻值与正

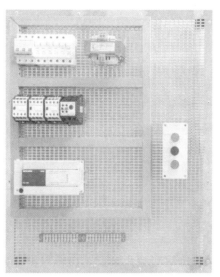

图 10-13　电动机的丫－△减压起动控制系统安装板

确阻值不符，应根据线路图检查是否有错线、掉线、错位、短路等。

表 10-5　万用表的检测过程

序号	检测任务	操作方法		正确阻值	测量阻值	备注
1	检测主电路	合上 QF，断开 FU2 后分别测量 XT 的 L1 与 L2、L2 与 L3、L3 与 L1 之间的阻值	常态时，不动作任何元件	均为 ∞		
2			同时压下 KM1 和 KM2	均为电动机两相定子绕组的阻值之和		
3			同时压下 KM1 和 KM3	均小于电动机单相定子绕组的阻值		
4		压下 KM3，分别测量 XT 的 U1 与 W2、V1 与 U2、W1 与 V2 之间的阻值		均约为 0Ω		
5	检测 PLC 输入电路	接通 FU2，测量 XT 的 L1 和 L3 之间的阻值		TC 一次绕组的阻值		
6		测量 PLC 的电源输入端子 L 与 N 之间的阻值		约为 TC 二次绕组的阻值		
7		测量电源输入端子 L 与公共端子 0V 之间的阻值		∞		
8		常态时，测量所用输入点 X 与公共端子 0V 之间的阻值		均约为几千欧至几十千欧		
9		逐一动作输入设备，测量其对应的输入点 X 与公共端子 0V 之间的阻值		均约为 0Ω		
10	检测 PLC 输出电路	分别测量 Y0、Y1、Y2 与 COM1 之间的阻值		均为 TC 二次绕组和 KM 线圈的阻值之和		
11		检测完毕，断开 QF				

（5）通电观察 PLC 的显示部分　经自检，确认电路正确和无安全隐患后，在教师监护下，按照表 10-6，通电观察 PLC 的指示 LED 并做好记录。

表 10-6　指示 LED 工作情况记录表

步骤	操作内容	LED	正确结果	观察结果	备注
1	先插上电源插头，再合上断路器	POWER	点亮		已通电，注意安全
		所有 IN	均不亮		
2	RUN/STOP 开关拨至"RUN"位置	RUN	点亮		
3	RUN/STOP 开关拨至"STOP"位置	RUN	熄灭		
4	按下 SB1	IN0	点亮		
5	按下 SB2	IN1	点亮		
6	动作 FR	IN2	点亮		
7	复位 FR				
8	⚠ 拉下断路器后，拔下电源插头	POWER	熄灭		已断电，做了吗？

3. 输入梯形图

起动 GX Developer 编程软件，输入梯形图见图 10-10。

1）启动 GX Developer 编程软件。

2）创建新文件，选择 PLC 类型为 FX_{3U}。

3）输入元件。按照项目二所学的方法输入元件。如图 10-14 所示，传送指令 MOVP 的输入方法是在指令输入处直接用键盘输入"MOVP ⊔ K3 ⊔ K1Y0"，回车确认即可。

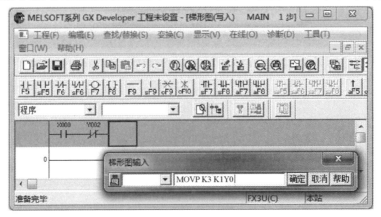

图 10-14　MOVP 指令用键盘输入的窗口

4）转换梯形图。

5）文件赋名为"项目 10 – 1. pmw"确认保存。

4. 通电调试、监控系统

（1）连接计算机与 PLC 用 SC – 09 编程线缆连接计算机 COM1 串行口与 PLC 的编程接口。

（2）写入程序

1）接通系统电源，将 PLC 的 RUN/STOP 开关拨至"STOP"位置。

2）进行端口设置后，将程序"项目 10 – 1. pmw"写入 PLC。

（3）调试系统 将 PLC 的 RUN/STOP 开关拨至"RUN"位置后，按表 10-7 操作，观察系统的运行情况并做好记录。如出现故障，应立即切断电源、分析原因、检查电路或梯形图后重新调试，直至系统实现功能。

表 10-7 系统运行情况记录表

操作步骤	操作内容	观察内容						备注
		指示 LED		输出设备				
		正确结果	观察结果	正确结果	观察结果	正确结果	观察结果	
1	按下 SB1	OUT0 点亮		KM1 吸合		起动运转		
		OUT1 点亮		KM2 吸合				
2	6s 到	OUT0 熄灭		KM1 释放		惯性运转		
		OUT1 熄灭		KM2 释放				
3	又 1s 到	OUT0 点亮		KM1 吸合		运转		
		OUT2 点亮		KM3 吸合				
4	按下 SB2	OUT0 熄灭		KM1 释放		停转		
		OUT2 熄灭		KM3 释放				

（4）监控元件

1）重新起动系统。

2）执行进入软元件批量命令。如图 10-15 所示，执行［在线］→［监视（M）］→［软元件批量］命令，进入软元件批量监视状态，如图 10-16 所示。

图 10-15 执行［软元件批量］命令

3）设置监控元件 Y0 ~ Y2。如图 10-17 所示，在"软元件"栏输入"Y0"，单击［监视开始］按钮后，监视窗口便可监视到元件 Y000 和 Y001 的状态，其中"1"表示动作，"0"为不动作，如图 10-18 所示。

图 10-16　软元件批量监视窗口

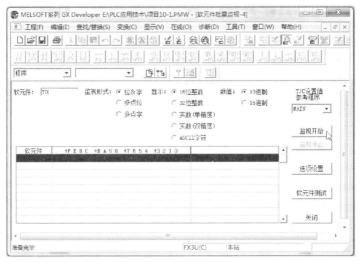

图 10-17　在"软元件"栏输入"Y0"

图 10-18　设置元件 Y0 后的监视窗口

4）设置监控元件 T0 和 T1。用同样的方法在"软元件"栏输入"T0"，单击［监视开始］按钮，设置监控元件定时器 T0 和 T1。如图 10-19 所示，定时器 T0 线圈已接通，其设定值为 60，当前值为 12。

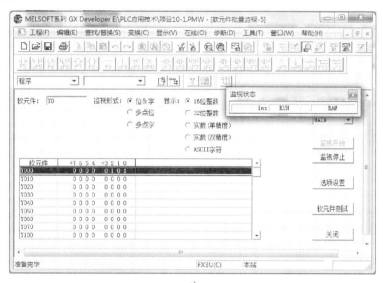

a)

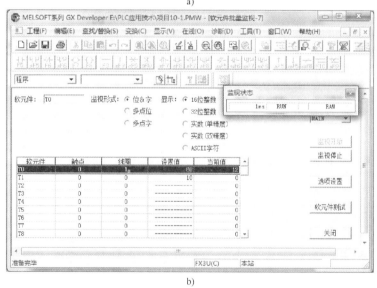

b)

图 10-19　设置元件 T 后的监视窗口

5）重新启动系统，监控元件状态的变化情况。

6）停止监控元件。

（5）运行结果分析

1）MOV 传送指令可以将一个数据直接输出。运用它可以驱动多点输出，如七段显示器等。同样，也可将输入点组成的二进制数据直接输入，如数码开关等。

2）系统通过 PLC 驱动 KM1 和 KM2 吸合，电动机定子绕组采用丫联结起动；驱动 KM1 和 KM3 吸合，定子绕组采用△联结运行，达到减压起动控制的目的。

5. 操作要点

1）MOV 传送指令以二进制方式传送数据。

2）丫–△减压起动控制只适用于△联结运行的电动机，即电动机定子绕组的额定接法为△联结。

3）配线时，必须保证电动机△联结的正确性。当 KM3 闭合时，定子绕组的出线端 U1 与 W2、V1 与 U2、W1 与 V2 相连。

4）通电调试操作必须在教师的监护下进行。

5）训练项目应在规定的时间内完成，同时做到安全操作和文明生产。

六、质量评价标准

项目质量考核要求及评分标准见表10-8。

表 10-8　质量评价表

考核项目	考核要求	配分	评分标准	扣分	得分	备注
系统安装	1）会安装元件 2）按图完整、正确及规范接线 3）按照要求编号	30	1）元件松动扣2分，损坏一处扣4分 2）错、漏线每处扣2分 3）反圈、压皮、松动每处扣2分 4）错、漏编号每处扣1分			
编程操作	1）会建立程序新文件 2）正确输入梯形图 3）正确保存文件 4）会传送程序 5）会转换梯形图	40	1）不能建立程序新文件或建立错误扣4分 2）输入梯形图错误一处扣2分 3）保存文件错误扣4分 4）传送程序错误扣4分 5）转换梯形图错误扣4分			
运行操作	1）操作运行系统，分析操作结果 2）会监控梯形图 3）会监控元件	30	1）系统通电操作错误一步扣3分 2）分析操作结果错误一处扣2分 3）监控梯形图错误一处扣2分 4）监控元件错误一处扣2分			
安全生产	自觉遵守安全文明生产规程		1）每违反一项规定扣3分 2）发生安全事故按0分处理 3）漏接接地线一处扣5分			
时间	4h		提前正确完成，每5min加2分 超过规定时间，每5min扣2分			
开始时间		结束时间		实际时间		

七、拓展与提高

拓展部分

1. BMOV 块传送指令

（1）BMOV 块传送指令的要素　BMOV 块传送指令是将源操作数指定软元件开始的 n

点数据传送到指定目标操作数开始的 n 点软元件。如果元件号超出允许的元件号范围，PLC仅传送允许范围内的数据，其指令要素见表 10-9。

表 10-9　BMOV 指令的要素

指令名称	助记符	操作数范围			程序步
		S（·）	D（·）	n	
块传送	BMOV BMOV P	KnX、KnY、KnM、 KnS、T、C、D	KnY、KnM、 KnS、T、C、D	K、H≤512	BMOV、BMOVP 7 步

（2）BMOV 块传送指令的使用说明

1）指令的执行形式。指令 BMOV 为连续执行型，指令 BMOVP 为脉冲执行型。

2）使用说明。如图 10-20 所示，在 X000 为ON 的第一个扫描周期，将 D0 中的数据传送到 D7，D1 中的数据传送到 D8 中，D2 中的数据传送到 D9。PLC 运行的第一个扫描周期，M8002 接通，将 M0 ~M7 传送到 Y0 ~ Y7。

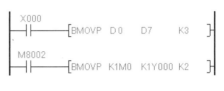

图 10-20　BMOVP 指令的使用

2. BIN 变换指令

（1）BIN 变换指令的要素　BIN 变换指令是将源操作元件中的 BCD 码转换成二进制送到目标元件中，其指令要素见表 10-10。

表 10-10　BIN 指令的要素

指令名称	助记符	程序步		
		S（·）	D（·）	
变换	BIN BIN P	KnX、KnY、KnM、KnS、 T、C、D、V、Z	KnY、KnM、KnS、 T、C、D、V、Z	BIN、BINP 5 步

（2）BIN 变换指令的使用说明

1）指令的执行形式。指令 BIN 为连续执行型，指令 BIN P 为脉冲执行型。

2）使用说明。如图 10-21 所示，在 X001 为ON 的第一个扫描周期，将 K2X0 中的 BCD 码转换成二进制数送到 D15 中。

图 10-21　BINP 指令的使用

习题部分

1. 有一组灯 HL1 ~ HL8，间隔显示。按下起动按钮后，HL1、HL3、HL5、HL7 点亮 1s，熄灭后其余四盏灯点亮，1s 后熄灭，HL1、HL3、HL5、HL7 重新点亮。每 1s 变换 1 次，反复进行。按下停止按钮后，系统停止工作。请用 MOV 传送指令设计其控制程序。

2. 喷水池花式喷水控制程序设计，其设计要求如下：

（1）喷水池中央喷嘴为高水柱，周围为底水柱开花式喷嘴。

（2）按起动按钮，喷水开始，其工作过程为：高水柱 3s→停 1s→低水柱 2s→停 1s→双水柱 1s→停 1s→如此循环工作。

（3）按下停止按钮，停止工作。

项目
十一

送料车控制

❯ 一、学习目标

1) 学会使用 CMP 比较指令。

2) 独立完成送料车控制系统的安装、调试与监控。

❯ 二、学习任务

1. 项目任务

本项目的任务是安装与调试送料车 PLC 控制系统。系统控制要求如下：

如图 11-1 所示，某车间有 4 个工作台，送料车往返于各工作台之间送料。每个工作台设有一个到位开关 SQ 和一个呼叫按钮 SB。具体要求如下：

（1）起停控制　按下起动按钮 SB0，系统起动；按下停止按钮 SB5，系统停止工作。

（2）初始状态　系统起动时，送料车停在任意一个工作台的到位开关处，保持不动。

（3）送料车往返控制　现假设送料车暂停于 m 号工作台处，n 号工作台开始呼叫，这时送料车会有三种情况：

1) $n < m$，送料车左行，直至 SQn 动作，到位停车。

2) $n > m$，送料车右行，直至 SQn 动作，到位停车。

3) $m = n$，送料车停在原位不动。

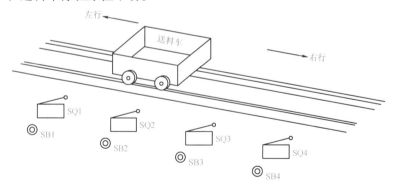

图 11-1　送料车工作示意图

2. 任务流程图

本项目的具体任务流程如图 11-2 所示。

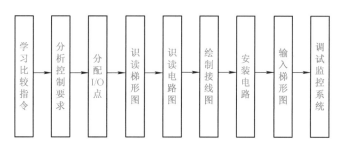

图 11-2　任务流程图

三、环境设备

学习所需工具、设备见表 11-1。

表 11-1　工具、设备清单

序号	分类	名称	型号规格	数量	单位	备注
1	工具	常用电工工具		1	套	
2		万用表	MF47	1	只	
3	设备	PLC	$FX_{3U}-48MR$	1	台	
4		小型三极断路器	DZ47-63	1	个	
5		控制变压器	BK100，380V/220V、24V	1	个	
6		三相电源插头	16A	1	个	
7		熔断器底座	RT18-32	6	个	
8		熔管	2A	3	只	
9			6A	3	只	
10		交流接触器	CJX1-12/22，220V	2	个	
11		按钮	LA38/203	2	个	
12		行程开关	YBLX-K1/311	4	个	
13		三相笼型异步电动机	380V，0.75kW，丫联结	1	台	
14		端子板	TB-1512L	2	个	
15		安装铁板	600mm×700mm	1	块	
16		导轨	35mm	0.5	m	
17		走线槽	TC3025	若干	m	
18	消耗材料	铜导线	$BVR-1.5mm^2$	5	m	
19			$BVR-1.5mm^2$	2	m	双色
20			$BVR-1.0mm^2$	5	m	
21		紧固件	M4×20mm 螺钉	若干	只	
22			M4 螺母	若干	只	
23			$\phi 4mm$ 垫圈	若干	只	
24		编码管	$\phi 1.5mm$	若干	m	
25		编码笔	小号	1	支	

四、背景知识

由项目任务可知，送料车在工作台之间左右移动，其控制的难点在于，系统能够根据小车的当前位置和呼叫位置，自动判别左移或右移。若用基本指令设计程序，程序较复杂，且可读性差。因此可用 PLC 的数据寄存器存储送料车当前停靠的工作台号和呼叫工作台号，再用功能指令中的 CMP 比较指令比较这两个位置号，根据比较结果驱动送料车左行或右行。

1. CMP 比较指令

（1）CMP 比较指令的要素　CMP 比较指令是将源操作数［S1·］和［S2·］进行比较，并将比较结果送到目标操作数［D·］中，其指令要素见表 11-2。

表 11-2　CMP 比较指令的要素

指令名称	助记符	操作数范围			程序步
		S1（·）	S2（·）	D（·）	
比较	CMP CMPP	K、H、K*n*X、K*n*Y、K*n*M、 K*n*S、T、C、D、V、Z		Y、M、S	CMP、CMPP　7 步

（2）CMP 比较指令的使用说明

1）指令的执行形式。指令 CMP 为连续执行型，指令 CMPP 为脉冲执行型。

2）操作数。S1（·）和 S2（·）是两个比较的源操作数，目标操作数 D（·）是存放比较结果的软元件的首地址。

3）使用说明。如图 11-3 所示，X000 为 ON时，PLC 执行 CMP 比较指令，其比较结果有三种情况：

图 11-3　CMP 比较指令的应用

K10 > D0 中的数据，M10 为 ON，M11 为 OFF，M12 为 OFF。

K10 = D0 中的数据，M10 为 OFF，M11 为 ON，M12 为 OFF。

K10 < D0 中的数据，M10 为 OFF，M11为 OFF，M12 为 ON。

当 X000 为 OFF 时，不执行 CMP 比较指令，M20～M22 保持执行前的状态。如需清除结果，可使用复位指令 RST 或区间复位指令 ZRST 实现。

（3）应用举例　如图 11-4 所示，数据寄存器 D1 中的数据是常数 K25。

1）X002 为 ON，［D0］= K35，［D0］>［D1］，执行 CMP 比较指令，比较结果 M0为 ON，M1 和 M2 为 OFF，Y000 动作。

2）X001 为 ON，［D0］= K25，［D0］=［D1］，执行 CMP 比较指令，比较结果 M1为 ON，M0 和 M2 为 OFF，Y001 动作。

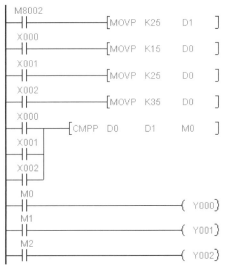
图 11-4　CMP 比较指令的应用举例

3）X000 为 ON，［D0］= K15，［D0］<［D1］，执行 CMP 比较指令，比较结果 M2 为 ON，M0 和 M1 为 OFF，Y002 动作。

2. 分析控制要求，确定输入输出设备

（1）分析控制要求　分析送料车控制要求，具体有 5 点：

1）按下起动按钮，系统起动；按下停止按钮，系统停止工作。

2）系统起动时，小车应停在原位不动。

3）当某工作台呼叫时，系统自动对送料车的当前位置号 SQm 与呼叫位置号 SBn 进行比较。

4）由比较结果判断送料车左行、右行或原位不动。若 $n < m$，送料车左行；若 $n > m$，送料车右行；若 $m = n$，送料车在原位不动。

5）送料车必须到位后停止。在移动过程中，其余呼叫信号无效。

（2）确定输入设备　根据上述分析，系统有起动、停止、4 个呼叫和 4 个到位信号。由此确定，系统的输入设备有 6 只按钮和 4 只行程开关，PLC 需用 10 个输入点分别与它们的动合触头相连。

（3）确定输出设备　送料小车有正、反两个运动方向：左行和右行，由此确定，系统的输出设备有 2 只接触器，PLC 应用 2 个输出点分别驱动正、反转接触器的线圈。

3. I/O 点分配

根据确定的输入输出设备及输入输出点数分配 I/O 点，见表 11-3。

表 11-3　输入输出设备及 I/O 点分配表

输入			输出		
元件代号	功能	输入点	元件代号	功能	输出点
SB0	起动	X0	KM1	左行	Y0
SB1	呼叫按钮1	X1	KM2	右行	Y1
SB2	呼叫按钮2	X2			
SB3	呼叫按钮3	X3			
SB4	呼叫按钮4	X4			
SB5	停止	X5			
SQ1	到位开关1	X6			
SQ2	到位开关2	X7			
SQ3	到位开关3	X10			
SQ4	到位开关4	X11			

4. 系统梯形图

如图 11-5 所示为系统梯形图，其执行原理如下：

1）起停控制。按下按钮 SB0，X000 为 ON，M0 为 ON 且保持，主控触点 M2 接通，PLC 扫描指令"MC⊔N0⊔M2"与"MCR⊔N0"之间的程序，系统起动。按下停止按钮 SB5，X005 为 ON，M0 复位，主控触点 M2 断开，PLC 停止执行指令"MC⊔N0⊔M2"与"MC⊔N0"之间的程序，系统停止工作。

2）呼叫位置识别。程序使用数据寄存器 D0 存储呼叫的工作台位置号。当 1 号工作台呼叫时（SB1 动作），X001 为 ON，PLC 将常数 K1 送到 D0 中。同理，2 ~ 4 号工作台呼叫时，相应数据 K2 ~ K4 送入 D0。

3）暂停位置识别。程序使用数据寄存器 D1 存储送料车暂停的工作台位置号。当送料车暂停于 1 号工作台位置时（SQ1 动作），X006 为 ON，PLC 将常数 K1 送到 D1 中。同理，暂停于 2 ~ 4 号工作台位置时，相应数据 K2 ~ K4 送入 D1。

4）比较判别及左行右行控制。程序应用 CMP 比较指令，对 D0 和 D1 中的数据进行比较，将比较结果送给以 M10 为首地址的 3 个辅助继电器 M12、M11 与 M10。当［D0］＞［D1］时，M10 为 ON，Y001 动作，送料车右行；当［D0］＜［D1］时，M12 为 ON，Y000 动作，送料车左行。

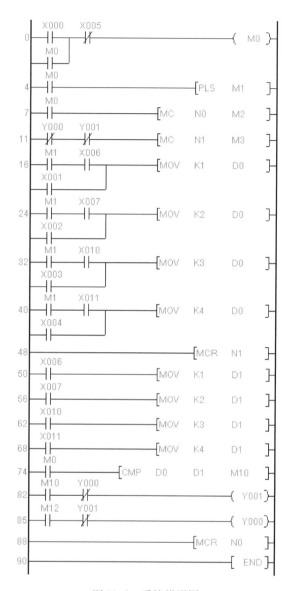

图 11-5　系统梯形图

5）运行时呼叫信号封锁控制。程序使用主控指令，当 Y0 或 Y1 动作时，主控触点 M3 断开，PLC 不执行指令"MC⊔N1⊔M3"与"MCR⊔N1"之间的呼叫位置识别程序。

6）系统起动时，送料车保持不动。程序使用起动信号的上升沿脉冲，在第一个扫描周期对数据寄存器进行初始化。如送料车停留在 2 号工作台（SQ2 动作），则 X007 为 ON。起动系统的第一个扫描周期内，M1 为 ON，PLC 执行传送指令"MOV⊔K2⊔D0""MOV⊔K2⊔D1"。这样两个数据寄存器中的内容相等，比较结果不会驱动送料车运动。

5. 系统电路图

如图 11-6 所示为送料车控制系统的电路图，其电路组成及元件功能见表 11-4。

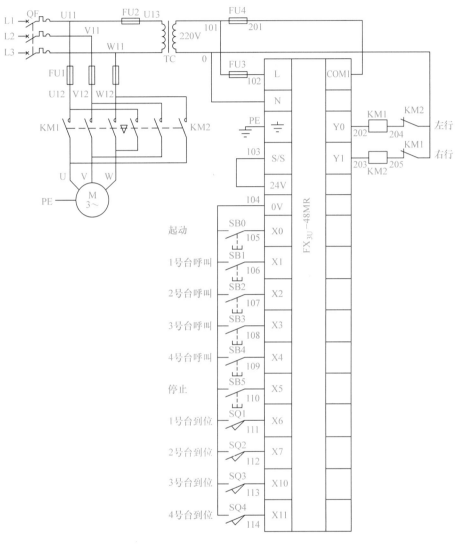

图 11-6 送料车控制系统电路图

表 11-4 电路组成及元件功能

序号	电路名称	电路组成	元件功能	备注
1	电源电路	QF	电源开关	
2		FU2	用作变压器短路保护	
3		TC	给 PLC 及 PLC 输出设备提供电源	
4	主电路	FU1	用作主电路短路保护	
5		KM1 主触头	控制电动机正向运转（左行）	
6		KM2 主触头	控制电动机反向运转（右行）	
7		M	电动机	

（续）

序号	电路名称		电路组成	元件功能	备注
8	控制电路	PLC 输入电路	FU3	用作 PLC 电源电路短路保护	
9			SB0	起动	
10			SB1 ~ SB4	工作台呼叫	
11			SB5	停止	
12			SQ1 ~ SQ2	工作台到位	
13		PLC 输出电路	FU4	PLC 输出电路短路保护	
14			KM1 线圈	控制 KM1 的吸合与释放	
15			KM2 线圈	控制 KM2 的吸合与释放	
16			KM1 常闭触头	与 KM2 联锁保护	
17			KM2 常闭触头	与 KM1 联锁保护	

五、操作指导

1. 绘制接线图

根据如图 11-6 所示电路图绘制接线图，参考接线图如图 11-7 所示。

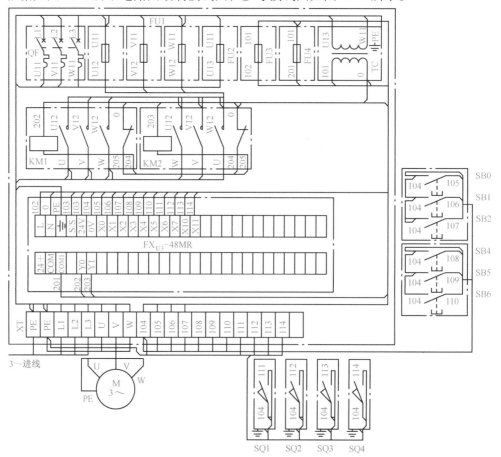

图 11-7　送料车控制系统接线图

2. 安装电路

（1）检查元器件　根据表 11-1 配齐元器件，检查元件的规格是否符合要求，检测元件的质量是否完好。

（2）固定元器件　按照绘制的接线图，参考如图 11-8 所示安装板固定元件。

（3）配线安装　根据配线原则及工艺要求，对照绘制的接线图进行配线安装。

1）板上元件的配线安装。

2）外围设备的配线安装。

（4）自检

1）检查布线。对照接线图检查是否掉线、错线，是否漏编、错编，接线是否牢固等。

2）使用万用表检测。按表 11-5 的检测过程使用万用表检测安装的电路，如测量阻值与正确阻值不符，应根据接线图检查是否有错线、掉线、错位、短路等。

图 11-8　送料车控制系统安装板

表 11-5　万用表的检测过程

序号	检测任务	操作方法		正确阻值	测量阻值	备注
1	检测主电路	合上 QF，断开 FU2 后分别测量 XT 的 L1 与 L2、L2 与 L3、L3 与 L1 之间的阻值	常态时，不动作任何元件	均为 ∞		
2			压下 KM1	均为电动机两相定子绕组的阻值之和		
3			压下 KM2			
4		接通 FU2，测量 XT 的 L1 和 L3 之间的阻值		TC 一次绕组的阻值		
5	检测 PLC 输入电路	测量 PLC 的电源输入端子 L 与 N 之间的阻值		约为 TC 二次绕组的阻值		
6		测量电源输入端子 L 与公共端子 0V 之间的阻值		∞		
7		常态时，测量所用输入点 X 与公共端子 0V 之间的阻值		均约为几千欧至几十千欧		
8		逐一动作输入设备，测量对应的输入点 X 与公共端子 0V 之间的阻值		均约为 0Ω		
9	检测 PLC 输出电路	分别测量输出点 Y0、Y1 与公共端 COM1 之间的阻值		均为 TC 二次绕组与 KM 线圈的阻值之和		
10	检测完毕，断开 QF					

（5）通电观察 PLC 的指示部分　经自检，确认电路正确和无安全隐患后，在教师监护下，按照表 11-6，通电观察 PLC 的指示 LED 并做好记录。

表 11-6　指示 LED 工作情况记录表

步骤	操作内容	LED	正确结果	观察结果	备注
1	先插上电源插头，再合上断路器	POWER	点亮		已通电，注意安全
		所有 IN	均不亮		
2	RUN/STOP 开关拨至"RUN"位置	RUN	点亮		
3	RUN/STOP 开关拨至"STOP"位置	RUN	熄灭		
4	逐一按下 SB0 ~ SB5	IN0 ~ IN5	均能点亮		
5	逐一动作 SQ1 ~ SQ4	IN6 ~ IN11	均能点亮		
6	⚠ 拉下断路器后，拔下电源插头	POWER	熄灭		已断电，做了吗？

3. 输入梯形图

启动 GX Developer 编程软件，输入梯形图见图 11-5。

1）启动 GX Developer 编程软件。

2）创建新文件，选择 PLC 类型为 FX_{3U}。

3）输入元件。按照项目二所学的方法输入梯形图，CMP 比较指令的输入方法如图 11-9 所示，在指令输入处直接用键盘输入"CMP⎵D0 ⎵ D1⎵ M10"，回车即可。

图 11-9　CMP 比较指令用键盘输入的窗口

4）转换梯形图。

5）文件赋名为"项目 11 – 1. pmw"并确认保存。

4. 通电调试、监控系统

（1）连接计算机与 PLC　用 SC – 09 编程线缆连接计算机 COM1 串行口与 PLC 的编程接口。

（2）写入程序

1）接通系统电源，将 PLC 的 RUN/STOP 开关拨至"STOP"位置。

2）进行端口设置后，将程序"项目 11 – 1. pmw"写入 PLC。

（3）调试系统　将 PLC 的 RUN/STOP 开关拨至"RUN"位置，按表 11-7 操作，观察系统的运行情况并作好记录。如出现故障，应分析原因、检查电路或梯形图、重新调试，直至系统实现功能（假设送料车停止在 4 号工作台的位置上）。

表 11-7　系统运行情况记录表

操作步骤	操作内容	观察内容				备注
		指示 LED		输出设备		
		正确结果	观察结果	正确结果	观察结果	
1	先动作 SQ4，再按下 SB0	OUT0 不亮		KM1、KM2 不动作 M 不转		
		OUT1 不亮				
2	按下 SB1	OUT0 点亮		KM1 吸合、M 正转		
3	动作 SQ1	OUT0 熄灭		KM1 释放、M 停转		
4	按下 SB3	OUT1 点亮		KM2 吸合、M 反转		
5	按下 SB2	无效				
6	动作 SQ3	OUT1 熄灭		KM2 释放、M 停转		
7	按下 SB2	OUT0 点亮		KM1 吸合、M 正转		
8	按下 SB4	无效				
9	动作 SQ2	OUT0 熄灭		KM1 释放、M 停转		
10	按下 SB4	OUT1 点亮		KM2 吸合、M 反转		
11	动作 SQ4	OUT1 熄灭		KM2 释放、M 停转		
12	按下 SB3	OUT0 点亮		KM1 吸合、M 正转		
13	动作 SQ3	OUT0 熄灭		KM1 释放、M 停转		
14	按下 SB5	系统停止工作				

（4）监控梯形图

1）执行［在线］→［监视］→［监视开始］命令，进入梯形图监控状态。如图 11-10 所示，数据寄存器的下方显示其当前数据。

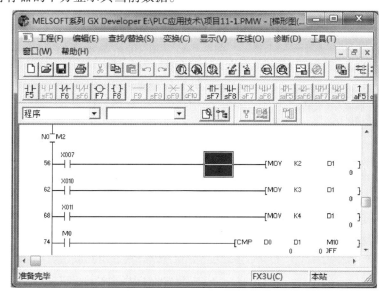

图 11-10　梯形图监控窗口

2）按照表 11-7 进行操作，监控元件状态的变化。

3）退出梯形图监控状态。

（5）运行结果分析

1）CMP 比较指令。数据寄存器 D0 中的数据大于 D1 中的数据时，M10 动作。数据寄存器 D0 中的数据小于 D1 中的数据时，M12 动作。

2）应用 MOV 传送指令传送位置号、CMP 比较指令比较位置号，再用其比较结果控制输出设备，实现自动识别、判断和驱动的自动控制功能。此方法适用于很多的控制场合，如电梯、企业流水线等。

3）程序采用了主控指令两级嵌套，有效解决了公共触点串联的问题，使编程思路更清晰，程序设计更容易。值得注意的是，嵌套级的 MC 编号由小到大，返回时的 MCR 编号由大到小，同时嵌套级最多不超过 8 级。

5. 操作要点

1）使用 CMP 比较指令时，要注意两个源操作数的位置不能颠倒，否则比较结果相反。

2）当外部电源掉电或 PLC 停止运行时，通用型数据寄存器中的内容会丢失，对于要保存数据或系统状态的场合，可选用掉电保持型数据寄存器。

3）主控触点指令的元件号不能重复使用，且嵌套级最多不超过 8 级。

4）通电调试操作必须在教师的监护下进行。

5）训练项目应在规定的时间内完成，同时做到安全操作和文明生产。

六、质量评价标准

项目质量考核要求及评分标准见表 11-8。

表 11-8 质量评价表

考核项目	考核要求	配分	评分标准	扣分	得分	备注
系统安装	1）会安装元件 2）按图完整、正确及规范接线 3）按照要求编号	30	1）元件松动扣2分，损坏一处扣4分 2）错、漏线每处扣2分 3）反圈、压皮、松动每处扣2分 4）错、漏编号每处扣1分			
编程操作	1）会建立程序新文件 2）正确输入梯形图 3）正确保存文件 4）会传送程序 5）会转换梯形图	40	1）不能建立程序新文件或建立错误扣4分 2）输入梯形图错误一处扣2分 3）保存文件错误扣4分 4）传送程序错误扣4分 5）转换梯形图错误扣4分			
运行操作	1）操作运行系统，分析操作结果 2）会监控梯形图	30	1）系统通电操作错误一步扣3分 2）分析操作结果错误一处扣2分 3）监控梯形图错误一处扣2分			
安全生产	自觉遵守安全文明生产规程		1）每违反一项规定扣3分 2）发生安全事故按0分处理 3）漏接接地线一处扣5分			
时间	4h		提前正确完成，每5min加2分 超过规定时间，每5min扣2分			
开始时间		结束时间		实际时间		

七、拓展与提高

拓展部分

ZCP 区间比较指令

（1）ZCP 区间比较指令的要素　ZCP 区间比较指令是将数据［S1·］与两个源操作数［S2·］和［S·］间的数据进行代数比较，比较结果送到目标操作数［D·］及以后的两个软元件中，其指令要素见表 11-9。

表 11-9　CMP 比较指令的要素

指令名称	助记符	操作数范围			程序步
		S1（·）	S2（·）S（·）	D（·）	
区间比较	ZCP ZCPP	K、H、KnX、KnY、KnM、KnS、 T、C、D、V、Z		Y、M、S	ZCP、ZCPP　9 步

（2）ZCP 区间比较指令的使用说明

1）指令的执行形式。指令 ZCP 为连续执行型，指令 ZCPP 为脉冲执行型。

2）使用说明。如图 11-11 所示，X000 为 ON 时，PLC 执行 ZCPP 区间比较指令，其比较结果有三种情况：

若 K100 > C30 当前值，M5 为 ON，M6 为 OFF，M7 为 OFF，Y001 为 ON。

若 K100≤C30 当前值≤K150，M5 为 OFF，M6 为 ON，M7 为 OFF，Y002 为 ON。

若 K150 < C30 当前值，M5 为 OFF，M6 为 OFF，M7 为 ON，Y003 为 ON。

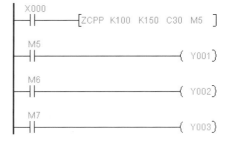

图 11-11　ZCPP 区间比较指令的应用

当 X000 为 OFF 时，不执行 ZCPP 区间比较指令，M5 ~ M7 和 Y001 ~ Y003 的状态保持不变。如需清除结果，可使用复位指令 RST 或区间复位指令 ZRST 实现。

习题部分

1. 某系统 X000 为脉冲输入端，当输入脉冲数大于 5 时，Y000 为 ON，其余情况 Y000 均为 OFF。请用 CMP 比较指令设计其控制程序。

2. 密码锁设计。密码锁有 8 个输入按钮 SB0 ~ SB7，分别接输入点 X000 ~ X007。设计要求每次应同时按 4 个按钮，共按 3 次，如与设定值都相同，则 3s 后开锁，10s 后重新关锁。

3. 定时报警器。控制要求如下：

（1）早晨 6：00，电铃响铃。铃声为 1s 响一次，6 次后停止。

（2）9：00 ~ 17：00，起动住宅报警系统。

（3）晚上 6：00，打开花园照明灯。

（4）晚上 10：00，关闭花园照明。

项目十二

天塔之光控制

> **一、学习目标**

1）学会使用 SFTL 位左移、SFTR 位右移指令和 ZRST 区间复位指令。
2）独立完成天塔之光控制系统的安装、调试与监控。

> **二、学习任务**

1. 项目任务

本项目的任务是安装与调试天塔之光 PLC 控制系统。如图 12-1 所示，天塔之光装置共有 9 盏灯，其控制要求如下：

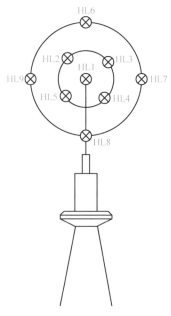

图 12-1　天塔之光示意图

（1）起停控制　按下起动按钮 SB1，系统起动；按下停止按钮 SB2，系统停止工作。

（2）塔灯亮灭控制　系统起动后，9 盏灯按以下规律点亮：HL1、HL2、HL9→HL1、HL5、HL8→HL1、HL4、HL7→HL1、HL3、HL6→HL1→HL2、HL3、HL4、HL5→HL6、HL7、HL8、HL9→HL1、HL2、HL6→HL1、HL3、HL7→HL1、HL4、HL8→HL1、HL5、

HL9→HL1→HL2、HL3、HL4、HL5→HL6、HL7、HL8、HL9→HL1、HL2、HL9……如此不断循环。各状态维持时间为1s。

2. 任务流程图

本项目的任务流程如图12-2所示。

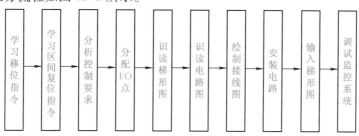

图 12-2　任务流程图

三、环境设备

学习所需工具、设备见表12-1。

表 12-1　工具、设备清单

序号	分类	名称	型号规格	数量	单位	备注
1	工具	常用电工工具		1	套	
2		万用表	MF47	1	只	
3	设备	PLC	FX$_{3U}$－48MR	1	台	
4		小型单极断路器	DZ47－63	1	个	
5		单相电源插头	5A	1	个	
6		熔断器底座	RT18－32	3	个	
7		熔管	2A	3	只	
8		按钮	LA38/203	1	个	
9		塔灯	220V	9	个	
10		端子板	TB－1512L	2	个	
11		安装铁板	600mm×700mm	1	块	
12		导轨	35mm	0.5	m	
13		走线槽	TC3025	若干	m	
14	消耗材料	铜导线	BVR－1.5mm^2	2	m	双色
15			BVR－1.0mm^2	5	m	
16		紧固件	M4×20mm 螺钉	若干	只	
17			M4 螺母	若干	只	
18			ϕ4mm 垫圈	若干	只	
19		编码管	ϕ1.5mm	若干	m	
20		编码笔	小号	1	支	

> **四、背景知识**

天塔之光由 9 盏灯按一定的规律点亮或熄灭，不断闪烁发光而成。9 盏灯在每一个循环中的发光组合有 14 次，每个组合的持续时间为 1s，从控制过程看，这 14 次组合就是单循环的 14 个工作状态，状态与状态之间的转换时间为 1s。根据项目七所学的状态编程思想，可以用定时 1s 作为各个状态的转换条件，依次激活各工作状态，再在激活的状态下驱动点亮相应组合的灯。除了应用状态编程设计该控制程序外，我们还可以使用功能指令中的移位指令编程实现。

1. 移位指令

（1）SFTL 位左移指令

1）SFTL 位左移指令的要素。SFTL 位左移指令是将目标操作数［D·］为首地址的 n1 位元件组合中的数据左移 n2 位，其高 n2 位溢出，而低 n2 位由源操作数［S·］为首地址的 n2 位数据移入替代。其指令要素见表 12-2。

表 12-2　SFTL 位左移指令的要素

指令名称	助记符	操作数范围				程序步
		S（·）	D（·）	n1	n2	
位左移	SFTL SFTLP	X、Y、M、S	Y、M、S	K、H		SFTL、SFTLP　9 步

2）位左移指令的使用说明。

① 指令的执行形式。指令 SFTL 为连续执行型，指令 SFTLP 为脉冲执行型。

② 操作数。D（·）是目标操作数，存放目标位组合元件的首地址，n1 为目标位组合元件的位数。S（·）是源操作数，存放源位组合元件的首地址，n2 为源操作数的位数。

③ 使用说明。如图 12-3 所示，X006 为 ON 时，执行 SFTLP 位左移指令，M7～M0 组成的 8 位数据连同 X003～X000 一起左移 4 位，原高 4 位数据溢出。当 X006 为 OFF 时，不执行 SFTLP 位左移指令，M7～M0 的状态保持不变。

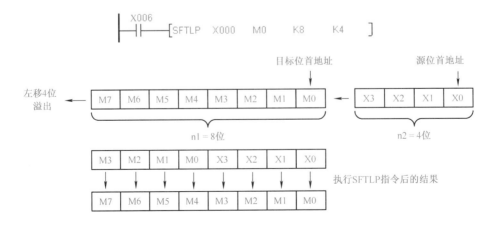

图 12-3　SFTLP 位左移指令的应用

3）应用举例　如图 12-4 所示，X000
为 ON 时，M20 清零，Y000 置 1，即
Y007 Y006 Y005 Y004 Y003 Y002 Y001 Y000 =
00000001，M20 = 0。第一次 X006 为 ON
时，执行 SFTLP 位左移指令，将 Y000 ~
Y007 连同 M20 一起向左移 1 位，左移的

图 12-4　SFTLP 位右移指令的应用举例

结果为 Y007 Y006 Y005 Y004 Y003 Y002 Y001 Y000 = 00000010；第二次 X006 为 ON 时，执行
SFTLP 位左移指令，又将 Y000 ~ Y007 连同 M20 一起向左移 1 位，结果变为
Y007 Y006 Y005 Y004 Y003 Y002 Y001 Y000 = 00000100。X006 接通 8 次后，Y000 ~ Y007 全
为零。

　　（2）SFTR 位右移指令

　　1）SFTR 位右移指令的要素。SFTR 位右移指令是将目标操作数 [D·] 为首地址的 n1
位元件组合中的数据右移 n2 位，其低 n2 位溢出，而高 n2 位由源操作数 [S·] 为首地址
的 n2 位数据移入替代。其指令要素见表 12-3。

表 12-3　SFTR 位右移指令的要素

指令名称	助记符	操作数范围				程序步
		S (·)	D (·)	n1	n2	
位右移	SFTR SFTRP	X、Y、M、S	Y、M、S	K、H		SFTR、SFTRP　9 步

　　2）位右移指令的使用说明。

　　① 指令的执行形式。指令 SFTR 为连续执行型，指令 SFTRP 为脉冲执行型。

　　② 操作数。D （·）是目标操作数，存放目标位组合元件的首地址，n1 为目标位组合
元件的位数。S （·）是源操作数，存放源位组合元件的首地址，n2 为源操作数的位数。

　　③ 使用说明。如图 12-5 所示，X006 为 ON 时，执行 SFTRP 位右移指令，对 M7 ~ M0
组成的 8 位数据连同 X003 ~ X000 一起右移 4 位，原低 4 位数据溢出。当 X006 为 OFF 时，
不执行 SFTRP 位右移指令，M7 ~ M0 的状态保持不变。

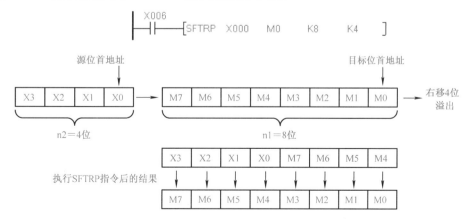

图 12-5　SFTRP 位右移指令的应用

3）应用举例

如图12-6所示，X000为ON时，M20清零，Y007置1，即Y007Y006Y005Y004Y003Y002Y001Y000 = 10000000，M20 = 0。第一次X006为ON时，执行SFTRP位右移指令，将Y0～Y7连同M20一起向右移1位，右移的结果为Y007Y006Y005Y004Y003Y002Y001Y000 = 01000000；第二次X006为ON时，执行SFTRP位右移指令，又将Y000～Y007连同M20一起向右移1位，结果变为Y007Y006Y005Y004Y003Y002Y001Y000 = 00100000。X000接通8次后，Y000～Y007全为零。

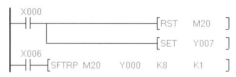

图12-6　SFTRP位右移指令的应用举例

2. ZRST区间复位指令

1）ZRST区间复位指令的要素。ZRST区间复位指令是将目标操作数［D1·］和［D2·］为地址的区间内所有软元件复位，也称做批复位指令，其指令要素见表12-4。

表12-4　ZRST区间复位指令的要素

指令名称	助记符	操作数范围		程序步
		D1（·）	D2（·）	
区间复位	ZRST ZRSTP	Y、M、S、T、C、D　（D1≤D2）		ZRST、ZRSTP 5步

2）ZRST区间复位指令的使用说明

① 指令的执行形式。指令ZRST为连续执行型，指令ZRSTP为脉冲执行型。

② 操作数。区间复位指令无源操作数，复位的对象是目标操作数D1（·）～D2（·）指定区间内的所有软元件，其中D1（·）指定的元件号小于等于D2（·）指定的元件号，且D1（·）和D2（·）指定的元件类型必须相同。

3）使用说明。如图12-7所示，X000为ON时，执行ZRST区间复位指令，M0～M100之间的所有辅助继电器复位清零。当X000为OFF时，不执行ZRST区间复位指令。

```
X000
─┤├────────────────[ZRST   M0    M100 ]
```

图12-7　ZRST区间复位指令的应用

3. 分析控制要求，确定输入输出设备

（1）分析控制要求

1）按下起动按钮，系统起动；按下停止按钮，系统停止工作。

2）灯的14次工作组合可看成14个中间状态，用M1～M14表示，见表12-5。

3）M0～M14的转换是依次进行的，始终只有一个状态开启，开启时间为1s。

（2）确定输入设备　根据上述分析，系统的输入设备有2只按钮，PLC需用2个输入点分别连接它们的动合触头。

（3）确定输出设备　天塔之光控制装置一共有9盏灯，PLC需用9个输出点分别驱动它们。

表 12-5　天塔之光工作组合与中间状态对应表

中间状态 / 灯	M0	M1	M3	M4	M5	M6	M7	M8	M9	M10	M11	M12	M13	M14
HL1	亮	亮	亮	亮	亮			亮	亮	亮	亮	亮		
HL2	亮					亮		亮					亮	
HL3				亮		亮			亮				亮	
HL4			亮			亮				亮			亮	
HL5		亮				亮					亮		亮	
HL6				亮			亮	亮						亮
HL7			亮				亮		亮					亮
HL8		亮					亮			亮				亮
HL9	亮						亮				亮			亮

4. I/O 点分配

根据确定的输入输出设备及输入输出点数分配 I/O 点，见表 12-6。

表 12-6　输入输出设备及 I/O 点分配表

输入			输出		
元件代号	功能	输入点	元件代号	功能	输出点
SB1	起动	X0	HL1		Y1
SB2	停止	X1	HL2		Y2
			HL3		Y3
			HL4		Y4
			HL5	产生天塔之光	Y5
			HL6		Y6
			HL7		Y7
			HL8		Y10
			HL9		Y11

5. 系统梯形图

如图 12-8 所示为天塔之光控制系统的梯形图，其执行原理如下：

1）起动与停止。按下按钮 SB1，X000 为 ON，M100 为 ON 且保持；按下停止按钮 SB2，X001 为 ON，M100 及 M1～M14 复位，振荡器 T1 停止振荡，系统停止工作。

2）移位数据的处理。按下起动按钮的第一个扫描周期，利用 PLS 指令对 M0 置 1，数据左移 1 位后，M0 清零。一个循环结束时，M14 为 ON，再对 M0 置 1。

3）状态数据左移。利用 T1 构成 1s 振荡器，使用位左移指令激活、转移工作状态 M。

4）驱动输出。根据表 12-5，用中间辅助继电器驱动输出继电器。

6. 系统电路图

如图 12-9 所示为天塔之光控制系统电路图，其电路组成及元件功能见表 12-7。

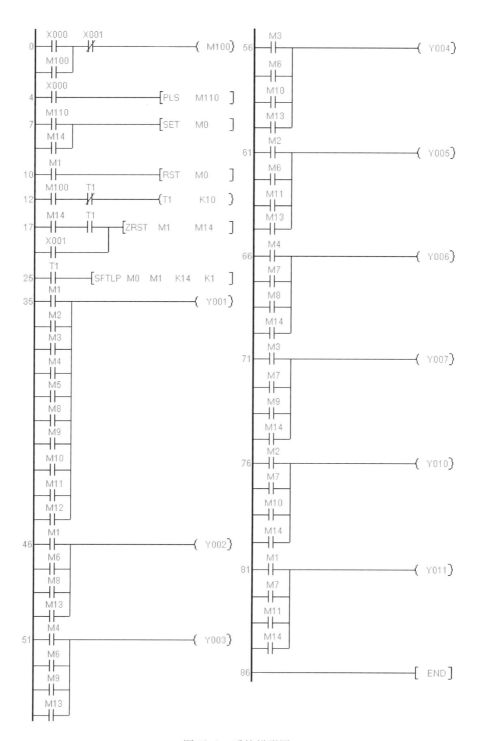

图 12-8 系统梯形图

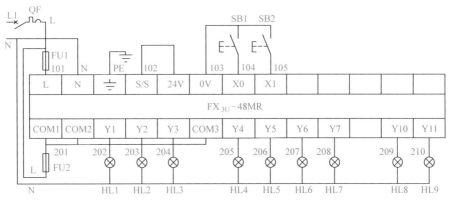

图 12-9　天塔之光控制系统电路图

表 12-7　电路组成及元件功能

序号	电路名称		电路组成	元件功能	备注
1	电源电路		QF	电源开关	
2			FU1	用作 PLC 电源电路短路保护	
3			FU2	用作 PLC 输出电路短路保护	
4	控制电路	PLC 输入电路	SB1	起动	
5			SB2	停止	
6		PLC 输出电路	HL1~HL9	发出天塔之光	

五、操作指导

1. 绘制接线图

根据如图 12-9 所示电路图绘制接线图，参考接线图如图 12-10 所示。

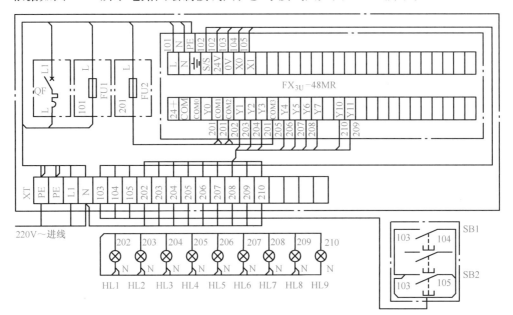

图 12-10　天塔之光控制系统参考接线图

2. 安装电路

（1）检查元器件 根据表12-1配齐元器件，检查元件的规格是否符合要求，检测元件的质量是否完好。

（2）固定元器件 按照绘制的接线图，参考如图12-11所示安装板固定元件。

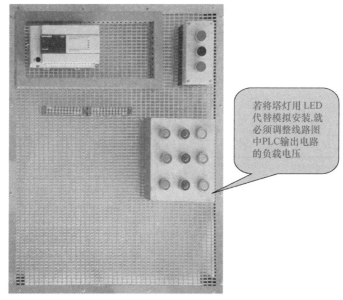

若将塔灯用LED代替模拟安装,就必须调整线路图中PLC输出电路的负载电压

图12-11 天塔之光控制系统安装板

（3）配线安装 根据配线原则及工艺要求，对照绘制的接线图进行配线安装。

1）板上元件的配线安装。

2）外围设备的配线安装。

（4）自检

1）检查布线。对照接线图检查是否掉线、错线，是否漏编、错编，接线是否牢固等。

2）使用万用表检测。按表12-8的检测过程使用万用表检测安装的电路，如测量阻值与正确阻值不符，应根据接线图检查是否有错线、掉线、错位、短路等。

表 12-8 万用表的检测过程

序号	检测任务	操作方法		正确阻值	测量阻值	备注
1	检测电源电路	合上QF，测量XT的L1与N之间的阻值		几百千欧到无穷大		
2	检测 PLC 输入电路	测量PLC的电源输入端子L与N之间的阻值		几百千欧到无穷大		
3		测量电源输入端子L与公共端子0V之间的阻值		∞		
4		常态时，测量所用输入点X与公共端子0V之间的阻值		均为几千欧至几十千欧		
5		逐一动作输入设备，测量对应的输入点X与公共端子0V之间的阻值		均约为0Ω		
6	检测 PLC 输出电路	短接XT的L1与N	分别测量 Y0、Y1、Y2、Y3 与 COM1，Y4、Y5、Y6、Y7 与 COM2，Y10、Y11 与 COM3 之间的阻值	均为HL的阻值		
7	检测完毕，取消L1与N之间的短接，断开QF					

（5）通电观察 PLC 的显示部分

经过自检，确认正确和无安全隐患后，在教师监护下，按照表 12-9，通电观察 PLC 的指示 LED 并做好记录。

表 12-9　指示 LED 工作情况记录表

步骤	操作内容	LED	正确结果	观察结果	备注
1	先插上电源插头，再合上断路器	POWER	点亮		已通电，注意安全
		所有 IN	均不亮		
2	RUN/STOP 开关拨至 "RUN" 位置	RUN	点亮		
3	RUN/STOP 开关拨至 "STOP" 位置	RUN	熄灭		
4	按下 SB1	IN0	全点亮		
5	按下 SB2	IN1	全点亮		
6	⚠ 拉下断路器后，拔下电源插头	POWER	熄灭		已断电，做了吗？

3. 输入梯形图

启动 GX Developer 编程软件，输入如图 12-8 所示梯形图。

1）启动 GX Developer 编程软件。

2）创建新文件，选择 PLC 类型为 FX_{3U}。

3）输入梯形图。按照项目二所学的方法输入梯形图，位左移指令 SFTLP 和区间复位指令 ZRST 的输入方法与其他功能指令一样。

4）文件赋名为 "项目 12 – 1 . pmw" 后确认保存。

4. 通电调试、监控系统

（1）连接计算机与 PLC　用 SC – 09 编程线缆连接计算机 COM1 串行口与 PLC 的编程接口。

（2）写入程序

1）接通系统电源，将 PLC 的 RUN/STOP 开关拨至 "STOP" 位置。

2）进行端口设置后，将程序 "项目 12 – 1. pmw" 写入 PLC。

（3）调试系统　将 PLC 的 RUN/STOP 开关拨至 "RUN" 位置后，按表 12-10 操作，观察系统的运行情况并做好记录。如出现故障，应分析原因、检查电路或梯形图、重新调试，直至系统实现功能。如状态转移的速度太快，结果观察不清，可以将定时器的设定常数增大到 5s 再进行调试。

表 12-10　系统运行情况记录表

操作步骤	操作内容	观察塔灯		备注
		结论值	观察值	
1	SB1 动作	无灯亮		
2	1s	HL1、HL2、HL9 点亮		
3	2s	HL1、HL5、HL8 点亮		
4	3s	HL1、HL4、HL7 点亮		
5	4s	HL1、HL3、HL6 点亮		
6	5s	HL1 点亮		

（续）

操作步骤	操作内容	观察塔灯		备注
		结论值	观察值	
7	6s	HL2、HL3、HL4、HL5 点亮		
8	7s	HL6、HL7、HL8、HL9 点亮		
9	8s	HL1、HL2、HL6 点亮		
10	9s	HL1、HL3、HL7 点亮		
11	10s	HL1、HL4、HL8 点亮		
12	11s	HL1、HL5、HL9 点亮		
13	12s	HL1 点亮		
14	13s	HL2、HL3、HL4、HL5 点亮		
15	14s	HL6、HL7、HL8、HL9 点亮		
16	1s 后	进入新的循环		
17	按下 SB2	系统停止工作		

（4）监控梯形图

1）执行［在线］→［监视（M）］→［软元件批量］命令后，进入元件监控状态，设置监控元件为 Y000 ~ Y011 与 M0 ~ M14。如图 12-12 所示，M12 状态开启。

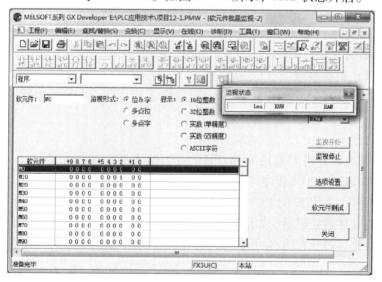

图 12-12　梯形图监控窗口

2）启动系统，监控元件状态的变化。

3）退出梯形图监控状态。

（5）运行结果分析

1）SFTLP 位左移指令。执行条件1s 到，SFTLP 将 M1 ~ M14 中的"1"左移一位，由于移进的数据为零，故 M1 ~ M14 依次为"1"，仅有一个状态开启。此指令使用方便、简捷，在状态程序设计中应用广泛。

2）ZRST 区间复位指令。RST 指令只能复位一个元件，而 ZRST 却能成批复位，常用于较大范围且同类元件的成批复位。

5. 操作要点

1）本项目输入电源为 220V 相电压，严禁接至 380V 线电压。

2）使用 SFTL 位左移指令时，要注意 n1 和 n2 的位置不能颠倒。

3）用额定电压为 220V 的照明灯代替塔灯调试时，必须严格遵守安全操作规程。

4）通电调试操作必须在教师的监护下进行。

5）训练项目应在规定的时间内完成，同时做到安全操作和文明生产。

六、质量评价标准

项目质量考核要求及评分标准见表 12-11。

表 12-11　质量评价表

考核项目	考核要求	配分	评分标准	扣分	得分	备注
系统安装	1）会安装元件 2）按图完整、正确及规范接线 3）按照要求编号	30	1）元件松动每处扣 2 分，损坏一处扣 4 分 2）错、漏线每处扣 2 分 3）反圈、压皮、松动每处扣 2 分 4）错、漏编号每处扣 1 分			
编程操作	1）会建立程序新文件 2）正确输入梯形图 3）正确保存文件 4）会传送程序 5）会转换梯形图	40	1）不能建立程序新文件或建立错误扣 4 分 2）输入梯形图错误一处扣 2 分 3）保存文件错误扣 4 分 4）传送程序错误扣 4 分 5）转换梯形图错误扣 4 分			
运行操作	1）操作运行系统，分析操作结果 2）会监控梯形图	30	1）系统通电操作错误一步扣 3 分 2）分析操作结果错误一处扣 2 分 3）监控梯形图错误一处扣 2 分			
安全生产	自觉遵守安全文明生产规程		1）每违反一项规定扣 3 分 2）发生安全事故按 0 分处理 3）漏接接地线一处扣 5 分			
时间	4h		提前正确完成，每 5min 加 2 分 超过规定时间，每 5min 扣 2 分			
开始时间		结束时间		实际时间		

七、拓展与提高

拓展部分

1. ADD 加法指令

（1）ADD 加法指令的要素　ADD 加法指令是将指定的源元件中的二进制数相加，结果送到指定的目标元件中，其指令要素见表 12-12。

表 12-12 ADD 加法指令的要素

指令名称	助记符	操作数范围			程序步
		S1（·）	S2（·）	D（·）	
加法	ADD ADDP	K、H、KnX、KnY、KnM、KnS、 T、C、D、V、Z		KnY、KnM、KnS、 T、C、D、V、Z	ADD、ADDP 7 步

（2）加法指令的使用说明

1）指令的执行形式。指令 ADD 为连续执行型，指令 ADDP 为脉冲执行型。

2）使用说明。如图 12-13 所示，X000 为 ON 时，执行 ADDP 加法指令，［D20］ + ［D30］→［D40］。当 X000 为 OFF 时，不执行 ADDP 加法指令，D40 中数据保持不变。

```
   X000
───┤ ├───────[ADDP  D20    D30    D40    ]
```

图 12-13 ADDP 加法指令的使用

2. SUB 减法指令

（1）SUB 减法指令的要素 SUB 减法指令是将指定的源元件中的二进制数相减，结果送到指定的目标元件中，其指令要素见表 12-13。

表 12-13 SUB 减法指令的要素

指令名称	助记符	操作数范围			程序步
		S1（·）	S2（·）	D（·）	
减法	SUB SUBP	K、H、KnX、KnY、KnM、KnS、 T、C、D、V、Z		KnY、KnM、KnS、 T、C、D、V、Z	SUB、SUBP 7 步

（2）减法指令的使用说明

1）指令的执行形式。指令 SUB 为连续执行型，指令 SUBP 为脉冲执行型。

2）使用说明。如图 12-14 所示，X000 为 ON 时，执行 SUBP 减法指令，［D20］-［D1］→［D0］。当 X000 为 OFF 时，不执行 SUBP 减法指令，D0 中的数据保持不变。

```
   X000
───┤ ├───────[SUBP  D20    D1     D0     ]
```

图 12-14 SUBP 减法指令的使用

3. MUL 乘法指令

（1）MUL 乘法指令的要素 MUL 乘法指令是将指定的源元件中的二进制数相乘，结果送到指定的目标元件中，其指令要素见表 12-14。

表 12-14 MUL 乘法指令的要素

指令名称	助记符	操作数范围			程序步
		S1（·）	S2（·）	D（·）	
乘法	MUL MULP	K、H、KnX、KnY、KnM、KnS、 T、C、D、Z		KnY、KnM、KnS、 T、C、D	MUL、MULP 7 步

（2）乘法指令的使用说明

1）指令的执行形式。指令 MUL 为连续执行型，指令 MULP 为脉冲执行型。

2）使用说明。如图 12-15 所示，X000 为 ON 时，执行 MULP 乘法指令，［D0］×［D2］→［D5，D4］。当 X000 为 OFF 时，不执行 MULP 乘法指令，D5、D4 中的数据保持不变。

图 12-15　MULP 乘法指令的使用

4. DIV 除法指令

（1）DIV 除法指令的要素　DIV 除法指令是将指定的源元件中的二进制数相除，结果送到指定的目标元件中，其指令要素见表 12-15。

表 12-15　DIV 除法指令的要素

指令名称	助记符	操作数范围			程序步	
		S1（·）	S2（·）	D（·）		
除法	DIV DIVP	K、H、KnX、KnY、KnM、KnS、T、C、D、Z		KnY、KnM、KnS、T、C、D	DIV、DIVP	7 步

（2）除法指令的使用说明

1）指令的执行形式。指令 DIV 为连续执行型，指令 DIVP 为脉冲执行型。

2）使用说明。如图 12-16 所示，X000 为 ON 时，执行 DIVP 除法指令，［D0］/［D2］→［D5，D4］，其中商送给 D4，余数送给 D5。当 X000 为 OFF 时，不执行 DIVP 除法指令，D5、D4 中的数据保持不变。

```
   X000
───┤├───[DIVP   D0    D2      D4      ]
```

图 12-16　DIVP 除法指令的使用

5. INC 加 1 指令

（1）INC 加 1 指令的要素　INC 加 1 指令是将指定的源元件中的二进制数自动加 1，其指令要素见表 12-16。

表 12-16　INC 加 1 指令的要素

指令名称	助记符	操作数范围	程序步	
		D（·）		
加 1	INC INCP	KnY、KnM、KnS、T、C、D、V、Z	INC、INCP	7 步

（2）加 1 指令的使用说明

1）指令的执行形式。指令 INC 为连续执行型，指令 INCP 为脉冲执行型。

2）使用说明。如图 12-17 所示，X000 为 ON 时，执行 INCP 加 1 指令，D20 中的二进制数自动加1。当X000为OFF时，不执行INCP加1指令，D20中的数据保持不变。

图12-17 INCP加1指令的使用

6. DEC减1指令

（1）DEC减1指令的要素 DEC减1指令是将指定的源元件中的二进制数自动减1，其指令要素见表12-17。

表12-17 DEC减1指令的要素

指令名称	助记符	操作数范围 D（·）	程序步
减1	DEC DECP	KnY、KnM、KnS、T、C、D、V、Z	DEC、DECP 7步

（2）减1指令的使用说明

1）指令的执行形式。指令DEC为连续执行型，指令DECP为脉冲执行型。

2）使用说明。如图12-18所示，X000为ON时，执行DECP减1指令，D10中的二进制数自动减1。当X000为OFF时，不执行DECP减1指令，D10中的数据不变。

图12-18 DECP减1指令的使用

习题部分

1. 流水灯控制系统设计。有8盏流水灯，要求按下起动按钮后，灯以正序每隔1s轮流点亮，当第8个灯点亮后，停2s；再以反序每隔1s轮流点亮，最后一个灯点亮后，停2s，如此反复进行。

2. 舞台艺术灯饰控制系统设计。如图12-19所示，舞台艺术灯饰共有8条灯带，其中5条灯带呈拱形，3条灯带呈梯形，要求其工作时序如下：

（1）7号灯带以1s为周期亮灭交替进行。

（2）3、4、5、6号灯带由外到内依次点亮，1s后再全灭，然后再重复上述活动，循环反复。

（3）2、1、0号灯带由上向下，依次点亮，1s后再全灭，然后再重复上述活动，循环反复。

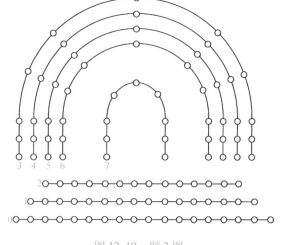

图12-19 题2图

附录

附录 A FX_{3U} 系列 PLC 的性能规格

项目		性　能
运算控制方式		存储程序反复扫描方式，有中断指令
输入输出控制方式		批处理方式，输入输出刷新指令，有脉冲捕捉功能
编程语言		指令表方式 + 步进梯形图方式（可以用 SFC 表示）
程序内存	最大内存容量	64000 步（包括注释、文件寄存器，最大 64000 步）
	内置存储器容量、形式	64000 步 RAM（由内置的锂电池支持），有密码保护功能电池寿命约 5 年
	存储盒	［Ver. 3. 00 以上］ FX3U－FLROM－1M（2000/4000/8000/16000/32000/64000 步）
	功能扩展存储器	——
	RUN 时写入功能	有（可编程序控制器 RUN 时，可以更改程序）
实时时钟	时钟功能	内置（不可以使用带实时时钟功能的内存卡盒）1980～2079 年（有闰年修正），可以切公历 2 位/4 位
指令种类	顺控、步进梯形图	［Ver. 2. 30 以上］顺控指令 29 个，步进梯形图指令 2 个
	应用指令	219 种 498 个
运算处理速度	基本指令	0. 065μs/指令
	应用指令	0. 642～100μs/指令
输入、输出继电器	扩展合用时输入	X000～X267 184 点（8 进制编号）
	扩展并用时输出	Y000～Y267 184 点（8 进制编号）
	扩展并用时的合计	256 点
辅助继电器	一般用	M0～M499　　　500 点
	保持用（可变）	M500～M1023　　524 点
	保持用（固定）	M1024～M7679　　6656 点
	特殊用	M8000～M8511　　512 点
状态	一般用	S0～S499　　　500 点
	保持用	S500～S899　　4004 点
	保持用（专用）	S1000～S4095　　3096 点
	信号报警器用	S900～S999　　100 点

（续）

项目		性　能	
定时器 （ON 延迟）	100ms	T0 ~ T191	192 点（0.1 ~ 3276.7s）
	100ms 中断用	T192 ~ T199	8 点（0.01 ~ 327.67s）
	10ms	T200 ~ T245	46 点（0.01 ~ 327.67s）
	1ms 累计型	T246 ~ T249	4 点（0.001 ~ 32.767s）
	100ms 累计型	T250 ~ T255	6 点（0.1 ~ 3276.7s）
计数器	16 位增计数	C0 ~ C99	100 点（0 ~ 32767 计数）
	16 位增计数	C100 ~ C199	100 点（0 ~ 32767 计数）
	32 位双向	C200 ~ C219	20 点（-2147483648 ~ 2147483647 计数）
	32 位双向	C220 ~ C234	15 点（-2147483648 ~ 2147483647 的计数）
	32 位高速双向	C235 ~ C255	最多使用 8 点
数据寄存器 （成对使用 则 32 位）	16 位通用	D0 ~ D199	200 点
	16 位保持用	D200 ~ D511	312 点
	16 位保持用	D512 ~ D7999	7488 点（根据参数设定，从 D1000 开始可以以 500 点为单位设定文件寄存器）
	16 位特殊用	D8000 ~ D8511	512 点
	16 位变址	V0 ~ V7, Z0 ~ Z7	16 点
指针	JUMP、CALL 分支用	P0 ~ P4095	4096 点（用于 CJ 命令、CALL 命令，P63 是 END 结果，用于 JUMP 命令）
	输入中断、定时中断	I00□ ~ I50□	6 点
	计数中断	I010 ~ I060	6 点（用于 HSCS 命令）
嵌套	主控用	N0 ~ N7	8 点（用于 MC 命令）
常数	十进制数（K）	16 位：-32768 ~ 32767	
		32 位：-2147483648 ~ 2147483647	
	十六进制数（H）	16 位：0 ~ FFFF	
		32 位：0 ~ FFFFFFFF	

附录 B　FX$_{3U}$ 系列 PLC 的一般软元件

一、输入输出继电器

输入、输出继电器	FX$_{3U}$-16M	FX$_{3U}$-32M	FX$_{3U}$-48M	FX$_{3U}$-64M	FX$_{3U}$-80M	FX$_{3U}$-128M
输入继电器 X	X000 ~ X007 （8 点）	X000 ~ X017 （16 点）	X000 ~ X027 （24 点）	X000 ~ X037 （32 点）	X000 ~ X047 （40 点）	X000 ~ X077 （64 点）
输出继电器 Y	Y000 ~ Y007 （8 点）	Y000 ~ Y017 （16 点）	Y000 ~ Y027 （24 点）	Y000 ~ Y037 （32 点）	Y000 ~ Y047 （40 点）	Y000 ~ Y077 （64 点）

二、辅助及状态继电器

辅助继电器 M	M0 ~ M499 500 点用于一般情况	M500 ~ M1023 524 点　用于停电保持 M1024 ~ M7679 6656 点　专门用于停电保持	M8000 ~ M8511 512 点用于特殊情况
状态继电器 S	S0 ~ S999（内 S0 ~ S9 是初始状态） S0 ~ S499 500 点用于一般情况 S500 ~ S899：400 点用于停电保持 S1000 ~ S4095：3096 点专门用于停电保持 S900 ~ S999：100 点用于信号报警器		

三、定时器与计数器

定时器 T	T0 ~ T199 200 点 100ms （T192 ~ T199 用于子程序）	T200 ~ T245 46 点 10ms	T246 ~ T249 4 点 1ms 累计 用于执行中断保持	T250 ~ T255 6 点 100ms 用于累计保持	T256 ~ T511 256 点
	16 位增计数器		32 位增减计数器		高速计数器
计数器 C	C0 ~ C99 100 点用于 一般情况	C100 ~ C199 100 点用于 停电保持	C200 ~ C219 20 点用于 一般情况	C220 ~ C234 15 点用于 停电保持	C235 ~ C255 21 点用于保持

四、数据寄存器与嵌套指针

数据寄存器 D、V、Z	D0 ~ D199 200 点用于 一般情况	D200 ~ D511 312 点用于停电保持 D512 ~ D7999：7488 点 专门用于停电保持	D1000 ~ D7999 最大 7000 点用于文件， 可通过参数设定为 文件寄存器	D8000 ~ D8511 512 点用于特殊情况	V0 ~ V7 Z0 ~ Z7 16 点 用于变址
嵌套指针	N0 ~ N7 8 点用于主控程序	P0 ~ P62、P64 ~ P4095 4095 点用于子程序分支指针 P63　1 点用于 END 跳转		I00□、I10□、I20□、 I30□、I40□、I50□ 6 点用于输入中断指针	

五、常数

常数	K	16 位：−32768 ~ 32767	32 位：−2147483648 ~ 2147483647
	H	16 位：H0 ~ HFFFF	32 位：H0 ~ HFFFFFFFF

附录 C FX₃ᵤ 系列 PLC 的特殊软元件

一、PC 状态

元件/名称	动作功能	元件/名称	存储器的内容
M8000 RUN 监控动合触点	RUN 时接通	D8000 监视定时器	初始值 200ms
M8001 RUN 监控动断触点	RUN 时断开	D8001 PLC 的类型和版本	26 100 FX₃ᵤ 版本 V1.00
M8002 初始脉冲动合触点	RUN 后输出一个扫描周期的 ON	D8002 存储器容量	0008 = 8K 步
M8003 初始脉冲动断触点	RUN 后输出一个扫描周期的 OFF	D8003 存储器种类	02H 为外接存储卡保护开关 OFF, 0AH 为外接存储卡保护开关 ON, 10H 为内置 EEPROM
M8004 出错	M8060 ~ M8067 接通时为 ON, M8062、M8063 除外	D8004 出错特殊 M 的编号	M8060 ~ M8068

二、时钟

元件/名称	动作功能	元件/名称	存储器的内容
M8010	—	D8010 当前值扫描时间	扫描时间当前值（单位 0.1ms）
M8011 10ms 时钟	以 10ms 为周期振荡	D8011 最小扫描时间	扫描时间的最小值（单位 0.1ms）
M8012 100ms 时钟	以 100ms 为周期振荡	D8012 最大扫描时间	扫描时间的最大值（单位 0.1ms）
M8013 1s 时钟	以 1s 为周期振荡	D8013 s	0 ~ 59s（用于实时时钟）
M8014 1min 时钟	以 1min 为周期振荡	D8014 min	0 ~ 59min（用于实时时钟）
M8015 计时停止和预置	用于实时时钟	D8015 h	0 ~ 23h（用于实时时钟）
M8016 时间显示停止	用于实时时钟	D8016 日	1 ~ 31 日（用于实时时钟）
M8017 ±30s 修正	用于实时时钟	D8017 月	1 ~ 12 月（用于实时时钟）
M8018 RTC 检出	常 ON	D8018 年	公历二位 0 ~ 99（用于实时时钟）
M8019 RTC 出错	用于实时时钟	D8019 星期	0（日）~6（六）（用于实时时钟）

三、标志

元件/名称	动作功能	元件/名称	存储器的内容
M8020 零标志	加减结果为 0 时接通	D8020 输入滤波调整	X000～X017 的输入滤波数值 0～60（初始值为 10ms）
M8021 借位标志	减法运算结果超过最大负值时接通	D8021	——
M8022 进位标志	加法运算结果发生进位时、移位结果发生溢出时接通	D8022	——
M8028	FROM/TO 指令执行过程中允许中断	D8028	Z0（Z）寄存器的内容
M8029 指令执行结束标志	当 DSW 等操作结束时接通	D8029	V0（V）寄存器的内容

四、PC 模式

元件/名称	动作功能	元件/名称	存储器的内容
M8030 电池 LED 灭灯指示	驱动此元件后，即使电池电压低，面板上的 LED 也不亮	D8030	
M8031 全清非保持存储器	驱动此元件时，可以将 Y、M、S、T、C 的 ON/OFF 映像存储器和 T、C、D 的当前值全部清零（特殊寄存器和文件寄存器不清除）	D8031	
M8032 全清保持存储器		D8032	
M8033 存储器保持停止	当 PLC 从 RUN 转为 STOP 时，将映像存储器和数据寄存器中的内容保留下来	D8033	
		D8034	
M8034 所有输出禁止	将 PLC 的外部输出点全部置于 OFF 状态	D8035	
M8035 强制运行模式		D8036	
M8036 强制运行指令	设置外部 RUN/STOP 开关	D8037	
M8037 强制停止指令		D8038	
M8038 参数设定	通信参数设定标志	D8039 恒定扫描时间	初始值为 0ms（以 1ms 为单位），当电源为 ON 时，由系统 ROM 传送，能够通过程序更改
M8039 恒定扫描模式	当 M8039 为 ON 时，PLC 直至 D8039 指定的扫描时间到达后才执行循环运算		

五、步进梯形图

元件/名称	动作功能	元件/名称	存储器的内容
M8040 转移禁止	驱动时，禁止状态之间转移	D8040	将状态 S0～S899 动作中的状态最小地址号保存入 D8040 中，将紧随其后的 ON 状态地址号保存入 D8041 中，以下依次顺序保存 8 点元件，将其中最大元件的地址号保存入 D8047 中
M8041 转移开始	自动运行时，能进行初始状态开始的转移	D8041	
M8042 起动脉冲	对应起动输入的脉冲输出	D8042	
M8043 回归完成	在原点回归模式的结束状态时动作	D8043	
M8044 原点条件	检测出机械原点时动作	D8044	
M8045 全输出复位禁止	在模式切换时，所有输出复位禁止	D8045	
M8046 STL 状态动作	M8047 动作中，当 S0～S899 中有任何元件变为 ON 时动作	D8046	
M8047 STL 监控有效	驱动此元件时，D8040～D8047 动作有效	D8047	
M8048 信号报警器动作	M8049 动作中，当 S900～S999 中有任何元件变为 ON 时动作	D8048	——
M8049 信号报警器有效	驱动此元件时，D8049 动作有效	D8049 ON 状态最小地址号	M8049 处于 ON 状态时报警继电器 S900～S999 的最小地址号

六、中断禁止

元件/名称	动作功能	元件/名称	存储器的内容
M8050 （输入中断） I00□禁止		D8050	
M8051 （输入中断） I10□禁止		D8051	
M8052 （输入中断） I20□禁止	输入中断禁止	D8052	
M8053 （输入中断） I30□禁止		D8053	
M8054 （输入中断） I40□禁止		D8054	
M8055 （输入中断） I50□禁止		D8055	不可以使用
M8056 （定时器中断） I6□□禁止		D8056	
M8057 （定时器中断） I6□□禁止	定时器中断禁止	D8057	
M8058 （定时器中断） I6□□禁止		D8058	
M8059 （计数器中断）	使用的 I010～I060 中断禁止	D8059	

七、错误检测

元件	名称	PROGE LED	PLC 状态	元件	存储器的内容
M8060	I/O 构成错误	闪烁	STOP	D8060	I/O 构成错误的起始编号
M8061	PLC 硬件出错	闪烁	RUN	D8061	PLC 硬件出错的代码编号
M8062	PLC/PP 通信错误	OFF	RUN	D8062	PLC/PP 通信错误的代码编号
M8063	串行通信错误	OFF	RUN	D8063	串行通信错误的代码编号
M8064	参数出错	闪烁	STOP	D8064	参数出错的代码编号
M8065	语法出错	闪烁	STOP	D8065	语法出错的代码编号
M8066	回路出错	闪烁	STOP	D8066	梯形图出错的代码编号
M8067	运算出错	OFF	RUN	D8067	运算出错的代码编号
M8068	运算错误锁存	OFF	RUN	D8068	运算出错的发生步编号
M8069	I/O 总线检测	OFF	RUN	D8069	M8065~7 出错的发生步编号

八、并联连接功能

元件	名称	备注	元件	存储器的内容
M8070	并联连接主站驱动	主站时 ON	D8070	并联连接错误判断时间 500ms
M8071	并联连接子站驱动	子站时 ON	D8071	
M8072	并联连接运转为 ON	运转中 ON	D8072	
M8073	主站/子站设定不良	M8070、M8071 设定错误时 ON	D8073	

九、通信、连接功能

元件	名称	元件	名称
M8120	——	M8141	——
M8121	RS 指令发送待机标志位	M8142	——
M8122	RS 指令发送请求	M8143	——
M8123	RS 指令接收结束标志位	M8144	——
M8124	RS 指令载波的检测标志位	M8145	——
M8125	——	M8146	——
M8126	全局信号	M8147	——
M8127	通信请求握手信号	M8148	——
M8128	通信请求出错标志	M8149	——
M8129	接通请求字/字节切换，超时判断	D8120	通信格式
M8136	——	D8121	站号设定
M8137	——	D8122	发送数据余数
M8138	指令执行结束标志位	D8123	接收数据数
M8139	高速计数器比较指令执行中	D8124	起始符
M8140	CLR 信号输出功能有效	D8125	终止符

（续）

元件	名称		元件	名称	
D8126	——		D8141	Y0 的脉冲数	高位
D8127	通信请求用起始号指定		D8142	Y1 的脉冲数	低位
D8128	通信请求用数据数指定		D8143		高位
D8129	超时判断		D8144	——	
D8136	Y000、Y001 的脉冲数累计	低位	D8145	——	
D8137		高位	D8146	——	
D8138	表格计数器		D8147	——	
D8139	执行中的指令数		D8148	——	
D8140	Y0 的脉冲数	低位	D8149	——	

附录 D　FX 系列 PLC 的指令列表

一、基本指令

助记符、名称	功能	回路表示和对象软元件
LD 取	运算开始动合触点	XYMSTC
LDI 取反	运算开始动断触点	XYMSTC
LDP 取脉冲	上升沿检出运算开始	XYMSTC
LDF 取脉冲	下降沿检出运算开始	XYMSTC
AND 与	串联连接动合触点	XYMSTC
ANI 与非	串联连接动断触点	XYMSTC
ANDP 与脉冲	上升沿检出串联连接	XYMSTC
ANDF 与脉冲	下降沿检出串联连接	XYMSTC

（续）

助记符、名称	功能	回路表示和对象软元件
OR 或	并联连接动合触点	XYMSTC
ORI 或非	并联连接动断触点	XYMSTC
ORP 或脉冲	上升沿检出并联连接	XYMSTC
ORF 或脉冲	下降沿检出并联连接	
ANB 回路块与	回路块之间串联连接	
ORB 回路块或	回路块之间并联连接	
OUT 输出	线圈驱动指令	XYMSTC
SET 置位	线圈动作保持指令	SET　Y,M,S
RST 复位	解除线圈动作保持指令	RST　Y,M,S,T,C,D,V,Z
PLS 上升沿脉冲	线圈上升沿输出指令	PLS　Y,M
PLF 下降沿脉冲	线圈下降沿输出指令	PLF　Y,M
MC 主控	公共串联接点用线圈指令	MC　N　Y,M
MCR 主控复位	公共串联接点解除指令	MCR　N
MPS 进栈	运算存储	MPS
MRD 读栈	存储读出	MRD
MPP 出栈	存储读出和复位	MPP

（续）

助记符、名称	功能	回路表示和对象软元件
INV 取反	运算结果取反	
NOP 空操作	无动作	程序清除或空格用
END 结束	程序结束	程序结束，返回0步

二、步进指令

助记符、名称	功能	回路表示和对象软元件
STL 步进接点	步进梯形图开始	
RET 步进返回	步进梯形图结束	

三、功能指令

类别	FNC No.	指令 助记符	指令功能说明	系列				
				FX$_{1S}$	FX$_{1N}$	FX$_{2N}$ FX$_{2NC}$	FX$_{3U}$	FX$_{3UC}$
程序 流程	00	CJ	条件跳转	○	○	○	○	○
	01	CALL	子程序调用	○	○	○	○	○
	02	SRET	子程序返回	○	○	○	○	○
	03	IRET	中断返回	○	○	○	○	○
	04	EI	开中断	○	○	○	○	○
	05	DI	关中断	○	○	○	○	○
	06	FEND	主程序结束	○	○	○	○	○
	07	WDT	监视定时器刷新	○	○	○	○	○
	08	FOR	循环的起点与次数	○	○	○	○	○
	09	NEXT	循环的终点	○	○	○	○	○
传送 与比较	10	CMP	比较	○	○	○	○	○
	11	ZCP	区间比较	○	○	○	○	○
	12	MOV	传送	○	○	○	○	○
	13	SMOV	位传送	×	×	○	○	○
	14	CML	取反传送	×	×	○	○	○
	15	BMOV	成批传送	○	○	○	○	○
	16	FMOV	多点传送	×	×	○	○	○
	17	XCH	交换	×	×	○	○	○
	18	BCD	二进制转换成 BCD 码	○	○	○	○	○
	19	BIN	BCD 码转换成二进制	○	○	○	○	○

（续）

类别	FNC No.	指令助记符	指令功能说明	系列				
				FX$_{1S}$	FX$_{1N}$	FX$_{2N}$ FX$_{2NC}$	FX$_{3U}$	FX$_{3UC}$
算术与逻辑运算	20	ADD	二进制加法运算	○	○	○	○	○
	21	SUB	二进制减法运算	○	○	○	○	○
	22	MUL	二进制乘法运算	○	○	○	○	○
	23	DIV	二进制除法运算	○	○	○	○	○
	24	INC	二进制加 1 运算	○	○	○	○	○
	25	DEC	二进制减 1 运算	○	○	○	○	○
	26	WAND	字逻辑与	○	○	○	○	○
	27	WOR	字逻辑或	○	○	○	○	○
	28	WXOR	字逻辑异或	○	○	○	○	○
	29	NEG	求二进制补码	×	×	○	○	○
循环与移位	30	ROR	循环右移	×	×	○	○	○
	31	ROL	循环左移	×	×	○	○	○
	32	RCR	带进位右移	×	×	○	○	○
	33	RCL	带进位左移	×	×	○	○	○
	34	SFTR	位右移	○	○	○	○	○
	35	SFTL	位左移	○	○	○	○	○
	36	WSFR	字右移	×	×	○	○	○
	37	WSFL	字左移	×	×	○	○	○
	38	SFWR	FIFO（先入先出）写入	○	○	○	○	○
	39	SFRD	FIFO（先入先出）读出	○	○	○	○	○
数据处理	40	ZRST	区间复位	○	○	○	○	○
	41	DECO	解码	○	○	○	○	○
	42	ENCO	编码	○	○	○	○	○
	43	SUM	统计 ON 位数	×	×	○	○	○
	44	BON	查询位某状态	×	×	○	○	○
	45	MEAN	求平均值	×	×	○	○	○
	46	ANS	报警器置位	×	×	○	○	○
	47	ANR	报警器复位	×	×	○	○	○
	48	SQR	求平方根	×	×	○	○	○
	49	FLT	整数与浮点数转换	×	×	○	○	○
高速处理	50	REF	输入输出刷新	○	○	○	○	○
	51	REFF	输入滤波时间调整	×	×	○	○	○
	52	MTR	矩阵输入	○	○	○	○	○
	53	HSCS	比较置位（高速计数用）	○	○	○	○	○
	54	HSCR	比较复位（高速计数用）	○	○	○	○	○
	55	HSZ	区间比较（高速计数用）	×	×	○	○	○
	56	SPD	脉冲密度	○	○	○	○	○
	57	PLSY	指定频率脉冲输出	○	○	○	○	○
	58	PWM	脉宽调制输出	○	○	○	○	○
	59	PLSR	带加减速脉冲输出	○	○	○	○	○

（续）

类别	FNC No.	指令助记符	指令功能说明	系列				
				FX$_{1S}$	FX$_{1N}$	FX$_{2N}$ FX$_{2NC}$	FX$_{3U}$	FX$_{3UC}$
方便指令	60	IST	状态初始化	○	○	○	○	○
	61	SER	数据查找	×	×	○	○	○
	62	ABSD	凸轮控制（绝对式）	○	○	○	○	○
	63	INCD	凸轮控制（增量式）	○	○	○	○	○
	64	TTMR	示教定时器	×	×	○	○	○
	65	STMR	特殊定时器	×	×	○	○	○
	66	ALT	交替输出	○	○	○	○	○
	67	RAMP	斜波信号	○	○	○	○	○
	68	ROTC	旋转工作台控制	×	×	○	○	○
	69	SORT	列表数据排序	×	×	○	○	○
外部I/O设备	70	TKY	10 键输入	×	×	○	○	○
	71	HKY	16 键输入	×	×	○	○	○
	72	DSW	BCD 数字开关输入	○	○	○	○	○
	73	SEGD	七段码译码	×	×	○	○	○
	74	SEGL	七段码分时显示	○	○	○	○	○
	75	ARWS	方向开关	×	×	○	○	○
	76	ASC	ASCII 码转换	×	×	○	○	○
	77	PR	ASCII 码打印输出	×	×	○	○	○
	78	FROM	BFM 读出	×	○	○	○	○
	79	TO	BFM 写入	×	○	○	○	○
外围设备	80	RS	串行数据传送	○	○	○	○	○
	81	PRUN	八进制位传送（#）	○	○	○	○	○
	82	ASCI	十六进制数转换成 ASCII 码	○	○	○	○	○
	83	HEX	ASCII 码转换成十六进制数	○	○	○	○	○
	84	CCD	校验	○	○	○	○	○
	85	VRRD	电位器变量输入	○	○	○	○	○
	86	VRSC	电位器变量区间	○	○	○	○	○
	87	RS2	串行数据传送 2	×	×	×	○	○
	88	PID	PID 运算	○	○	○	○	○
	89	—	—					
数据传送	102	ZPUSH	变址寄存器批次保存	×	×	×	○	○
	103	ZPOP	变址寄存器的恢复	×	×	×	○	○
浮点数运算	110	ECMP	二进制浮点数比较	×	×	○	○	○
	111	EZCP	二进制浮点数区间比较	×	×	○	○	○

类别	FNC No.	指令助记符	指令功能说明	系列				
				FX$_{1S}$	FX$_{1N}$	FX$_{2N}$ FX$_{2NC}$	FX$_{3U}$	FX$_{3UC}$
浮点数运算	112	EMOV	二进制浮点数数据传送	×	×	×	○	○
	116	ESTR	二进制浮点数→字符串	×	×	×	○	○
	117	EVAL	字符串→二进制浮点数	×	×	×	○	○
	118	EBCD	二进制浮点数→十进制浮点数	×	×	○	○	○
	119	EBIN	十进制浮点数→二进制浮点数	×	×	○	○	○
	120	EADD	二进制浮点数加法	×	×	○	○	○
	121	EUSB	二进制浮点数减法	×	×	○	○	○
	122	EMUL	二进制浮点数乘法	×	×	○	○	○
	123	EDIV	二进制浮点数除法	×	×	○	○	○
	124	EXP	二进制浮点数指数运算	×	×	×	○	○
	125	LOGE	二进制浮点数自然对数运算	×	×	×	○	○
	126	LOG10	二进制浮点数常用对数运算	×	×	×	○	○
	127	ESQR	二进制浮点数开平方	×	×	○	○	○
	128	ENEG	二进制浮点数符号翻转	×	×	×	○	○
	129	INT	二进制浮点数→二进制整数	×	×	○	○	○
	130	SIN	二进制浮点数 Sin 运算	×	×	○	○	○
	131	COS	二进制浮点数 Cos 运算	×	×	○	○	○
	132	TAN	二进制浮点数 Tan 运算	×	×	○	○	○
	133	ASIN	二进制浮点数 SIN − 1 运算	×	×	×	○	○
	134	ACOS	二进制浮点数 COS − 1 运算	×	×	×	○	○
	135	ATAN	二进制浮点数 TAN − 1 运算	×	×	×	○	○
	136	RAD	二进制浮点数角度→弧度	×	×	×	○	○
	137	DEG	二进制浮点数弧度→角度	×	×	×	○	○
	140	WSUM	算出数据合计值	×	×	×	○	○
	141	WTOB	字节单位的数据分离	×	×	×	○	○
	142	BTOW	字节单位的数据结合	×	×	×	○	○
	143	UNI	16 位数据的 4 位结合	×	×	×	○	○
	144	DIS	16 位数据的 4 位分离	×	×	×	○	○
	147	SWAP	高低字节交换	×	×	○	○	○
定位	149	SORT2	数据排列 2	×	×	×	○	○
	150	DSZR	带 DOG 搜索的原点回归	×	×	×	○	○
	151	DVIT	中断定位	×	×	×	○	○
	152	TBL	表格设定定位	×	×	×	○	○
	155	ABS	ABS 当前值读取	○	○	×	×	×
	156	ZRN	原点回归	○	○	×	×	×
	157	PLSY	可变速的脉冲输出	○	○	×	×	×
	158	DRVI	相对位置控制	○	○	×	×	×
	159	DRVA	绝对位置控制	○	○	×	×	×

（续）

类别	FNC No.	指令助记符	指令功能说明	系列				
				FX$_{1S}$	FX$_{1N}$	FX$_{2N}$ FX$_{2NC}$	FX$_{3U}$	FX$_{3UC}$
时钟运算	160	TCMP	时钟数据比较	○	○	○	○	○
	161	TZCP	时钟数据区间比较	○	○	○	○	○
	162	TADD	时钟数据加法	○	○	○	○	○
	163	TSUB	时钟数据减法	○	○	○	○	○
	164	HTOS	小时、分、秒数据的秒转换	×	×	×	○	○
	165	STOH	秒数据的转换	×	×	×	○	○
	166	TRD	时钟数据读出	○	○	○	○	○
	167	TWR	时钟数据写入	○	○	○	○	○
	169	HOUR	计时仪	○	○	○	○	○
外围设备	170	GRY	二进制数→格雷码	×	×	○	○	○
	171	GBIN	格雷码→二进制数	×	×	○	○	○
	176	RD3A	模拟量模块（FX0N-3A）读出	×	○	×	×	×
	177	WR3A	模拟量模块（FX0N-3A）写入	×	○	×	×	×
其他指令	182	COMRD	读出软元件的注释数据	×	×	×	○	○
	184	RND	产生随机数	×	×	×	○	○
	186	DUTY	出现定时脉冲	×	×	×	○	○
	188	CRC	CRC运算	×	×	×	○	○
	189	HCMOV	高速计数器传送	×	×	×	○	○
数据块处理	192	BK +	数据块加法运算	×	×	×	○	○
	193	BK −	数据块减法运算	×	×	×	○	○
	194	BKCMP =	数据块比较（S1）=（S2）	×	×	×	○	○
	195	BKCMP >	数据块比较（S1）>（S2）	×	×	×	○	○
	196	BKCMP <	数据块比较（S1）<（S2）	×	×	×	○	○
	197	BKCMP < >	数据块比较（S1）< >（S2）	×	×	×	○	○
	198	BKCMP ≤	数据块比较（S1）≤（S2）	×	×	×	○	○
	199	BKCMP ≥	数据块比较（S1）≥（S2）	×	×	×	○	○
字符串的控制	200	STR	BIN→字符串转换	×	×	×	○	○
	201	VAL	字符串→BIN的转换	×	×	×	○	○
	202	$ +	字符串的合并	×	×	×	○	○
	203	LEN	检测出字符串的长度	×	×	×	○	○
	204	RIGHT	从字符串的右侧开始取出	×	×	×	○	○
	205	LEFT	从字符串的左侧开始取出	×	×	×	○	○
	206	MIDR	从字符串中任意取出	×	×	×	○	○
	207	MIDW	从字符串中任意替换	×	×	×	○	○
	208	INSTR	字符串的检索	×	×	×	○	○
	209	$MOV	字符串的传送	×	×	×	○	○

（续）

类别	FNC No.	指令助记符	指令功能说明	系列				
				FX_{1S}	FX_{1N}	FX_{2N} FX_{2NC}	FX_{3U}	FX_{3UC}
数据处理	210	FDEL	数据表的数据删除	×	×	×	○	○
	211	FINS	数据表的数据插入	×	×	×	○	○
	212	POP	后入的数据读取	×	×	×	○	○
	213	SFR	16 位数据 n 位右移	×	×	×	○	○
	214	SFL	16 位数据 n 位左移	×	×	×	○	○
触点比较	224	LD ＝	（S1）＝（S2）时起始触点接通	○	○	○	○	○
	225	LD ＞	（S1）＞（S2）时起始触点接通	○	○	○	○	○
	226	LD ＜	（S1）＜（S2）时起始触点接通	○	○	○	○	○
	228	LD ＜＞	（S1）＜＞（S2）时起始触点接通	○	○	○	○	○
	229	LD ≤	（S1）≤（S2）时起始触点接通	○	○	○	○	○
	230	LD ≥	（S1）≥（S2）时起始触点接通	○	○	○	○	○
	232	AND ＝	（S1）＝（S2）时串联触点接通	○	○	○	○	○
	233	AND ＞	（S1）＞（S2）时串联触点接通	○	○	○	○	○
	234	AND ＜	（S1）＜（S2）时串联触点接通	○	○	○	○	○
	236	AND ＜＞	（S1）＜＞（S2）时串联触点接通	○	○	○	○	○
	237	AND ≤	（S1）≤（S2）时串联触点接通	○	○	○	○	○
	238	AND ≥	（S1）≥（S2）时串联触点接通	○	○	○	○	○
	240	OR ＝	（S1）＝（S2）时并联触点接通	○	○	○	○	○
	241	OR ＞	（S1）＞（S2）时并联触点接通	○	○	○	○	○
	242	OR ＜	（S1）＜（S2）时并联触点接通	○	○	○	○	○
	244	OR ＜＞	（S1）＜＞（S2）时并联触点接通	○	○	○	○	○
	245	OR ≤	（S1）≤（S2）时并联触点接通	○	○	○	○	○
	246	OR ≥	（S1）≥（S2）时并联触点接通	○	○	○	○	○
数据表的处理	256	LIMIT	上下限位控制	×	×	×	○	○
	257	BAND	死区控制	×	×	×	○	○
	258	ZONE	区域控制	×	×	×	○	○
	259	SCL	定标	×	×	×	○	○
	260	DABIN	十进制 ASCII→BIN 的转换	×	×	×	○	○
	261	BINDA	BIN→十进制 ASCII 的转换	×	×	×	○	○
	269	SCL2	定标 2	×	×	×	○	○
外部设备通信	270	IVCK	变频器运行监控	×	×	×	○	○
	271	IVDR	变频器运行控制	×	×	×	○	○
	272	IVRD	变频器参数读取	×	×	×	○	○
	273	IVWR	变频器参数写入	×	×	×	○	○
	274	IVBWR	变频器参数成批写入	×	×	×	○	○
数据传送	278	RBFM	BFM 分割读出	×	×	×	○	○
	279	WBFM	BFM 分割写入	×	×	×	○	○

（续）

类别	FNC No.	指令 助记符	指令功能说明	系列				
				FX_{1S}	FX_{1N}	FX_{2N} FX_{2NC}	FX_{3U}	FX_{3UC}
高速 处理	280	HSCT	高速计数表比较	×	×	×	○	○
扩展文件 寄存器 的控制	290	LOADR	读出扩展文件寄存器	×	×	×	○	○
	291	SAVER	扩展文件寄存器的一并写入	×	×	×	○	○
	292	INITR	扩展寄存器的初始化	×	×	×	○	○
	293	LOGR	记入扩展寄存器	×	×	×	○	○
	294	RWER	扩展文件寄存器的删除、写入	×	×	×	○	○
	295	INITER	扩展文件寄存器的初始化	×	×	×	○	○

注："○"表示具有此项功能，"×"表示不具有此项功能。

参 考 文 献

［1］廖常初主编 . FX 系列 PLC 编程及其应用［M］. 2 版 . 北京：机械工业出版社，2016.

［2］张万忠主编 . 可编程控制器应用技术［M］. 4 版 . 北京：化学工业出版社，2016.

［3］施永主编 . PLC 操作技能 . 北京：中国劳动社会保障出版社，2006.

［4］高勤主编 . 可编程控制器原理及应用［M］. 3 版 . 北京：电子工业出版社，2013.

［5］瞿彩萍主编 . PLC 应用技术［M］. 2 版 . 北京：中国劳动社会保障出版社，2014.

［6］俞国亮主编 . PLC 原理与应用［M］. 2 版 . 北京：清华大学出版社，2009.

［7］阮友德主编 . 电气控制与 PLC 实训教程［M］. 2 版 . 北京：人民邮电出版社，2012.

［8］赵仁良主编 . 电力拖动控制线路与技能训练［M］. 3 版 . 北京：中国劳动社会保障出版社，2004.